全国高校建筑学专业应用型课程规划推荐教材

建筑结构选型

BUILDING STRUCTURE SELECTION

朱轶韵　　主编

Zhu Yiyun　　ed.

潘秀珍　　副主编

Pan Xiuzhen　　subed.

中国建筑工业出版社

图书在版编目(CIP)数据

建筑结构选型/朱轶韵主编. —北京：中国建筑工业出版
社，2016.8（2023.4重印）

全国高校建筑学专业应用型课程规划推荐教材

ISBN 978-7-112-19685-2

Ⅰ.①建⋯　Ⅱ.①朱⋯　Ⅲ.①建筑结构-高等学校-教材
Ⅳ.①TU3

中国版本图书馆 CIP 数据核字（2016）第 194961 号

责任编辑：陈　桦　王　惠
责任设计：李志立
责任校对：李欣慰　刘　钰

为了更好地支持相应课程的教学，我们向采用本书作为教材的
教师提供课件，有需要者可与出版社联系。

建工书院：http://edu.cabplink.com/index

邮箱：jckj@cabp.com.cn　电话：01058337285

全国高校建筑学专业应用型课程规划推荐教材
建筑结构选型
BUILDING STRUCTURE SELECTION
朱轶韵　主编
Zhu Yiyun　ed.
潘秀珍　副主编
Pan Xiuzhen　subed.
　　　　*
中国建筑工业出版社出版、发行(北京西郊百万庄)
各地新华书店、建筑书店经销
北京红光制版公司制版
北京建筑工业印刷厂印刷
　　　　*
开本：787×1092毫米　1/16　印张：13¼　字数：269千字
2016年9月第一版　2023年4月第十次印刷
定价：**32.00**元（赠教师课件）
ISBN 978－7－112－19685－2
　　　　　（29060）

Publishing Directions

　　进入 21 世纪，随着城市化进程的加快，建筑领域的科技进步，市场竞争日趋激烈，设计实践积极探索，建筑教育和研究显得相对滞后。师徒传承已随着学校一再扩招成为历史，建筑设计教学也不仅仅是功能平面的程式化设计，外观形象的讨论和传授。如何拓宽学生的知识领域，培养学生的创造精神，提高学生的实践能力？建筑院校也需要从人才市场的实际需要出发，以素质为基础，以能力为本位，以实践为导向，培养建设行业迫切需要的专门人才。

　　2006 年初，中国建筑工业出版社组织北京建筑工程学院、南京工业大学、合肥工业大学、广州大学、长安大学、浙江工业大学、三江学院等院校的教师召开了全国高校建筑学专业应用型课程规划推荐教材编写讨论会。建设部人事教育司何任飞副处长到会并发表重要讲话。会议中各位代表充分交流了各校关于建筑学专业应用型人才培养的教学经验，大家一致认为应用型人才培养是社会发展的现实需要，以应用型人才培养为主的院校应在建筑学专业教学大纲的指导下体现自己的特色和方向。会议在深入探讨和交流的基础上，确定了全国高校建筑学专业应用型课程规划推荐教材第一批建设书目。

　　本套教材的出版是为了满足建设人才培养的需要，满足社会和教学的需要，选择当前建筑学专业教学中有特色的、有成熟教学基础的课程，与现有的建筑学教材形成互补。陆续出版的教材有《建筑表现》、《建筑模型》、《建筑应用英文》、《建筑设计基础教程》、《建筑制图》、《建筑施工图设计》、《建筑设计规范应用》、《调查研究科学方法》、《建筑师职业教育》，作者是来自各个学校具有丰富教学经验的专家和骨干教师，教材编写严谨、科学、追求高质量。希望各个学校在教学实践中给我们提出宝贵意见，不断完善，使本系列教材更加符合教学改革和发展的实际，更加适应社会对高等专门人才的需要。

目录 — Contents —

Chapter 1 Introduction

第 1 章 概　　述

第 1 章　概述

　　建筑工程设计的主要内容一般包括建筑设计、结构设计、设备设计。一栋成功的建筑是建筑师、结构工程师、设备工程师等许多专业人员创造性合作的产物，因此设计过程中各专业密切配合、互相协调合作，不断修改完善设计，才能满足建筑、结构、设备等各方面的要求。其中，建筑是龙头，结构是骨架。建筑创作的空间和形式与建筑结构体系有着密不可分的关系，建筑师应当全面了解各种结构形式的基本力学特点及其适用范围，才能在创作建筑空间时以统筹者的角色全盘考虑建筑设计，选择最适宜的结构体系，满足建筑安全、适用、经济合理的要求。

　　建筑结构是作为建筑物的基本受力骨架而形成的人类活动空间，以满足人类的生产、生活需求及对建筑物的审美要求。结构是建筑物赖以存在的物质基础。无论工业建筑、居住建筑、公共建筑或者某些特种构筑物，都必须承受结构自重和外部荷载的作用（如楼面活荷载、风荷载、雪荷载和地震作用等）、变形作用（如温度变化引起的变形、地基沉降、结构材料的收缩和徐变变形等）以及外部环境作用（如阳光、雷雨、和大气污染等）。结构失效将带来生命和财产的巨大损失。建筑师在建筑设计过程中应充分考虑如何更好地满足结构最基本的功能要求。古罗马的维多维丘（Vitruvius）曾为建筑确定基本要求：坚固、适用和美观，这至今仍是指导建筑设计的基本原则。在这些原则中，又以坚固最为重要，它由结构形式和构造所决定。建筑材料和建筑技术的发展决定着结构形式的发展，而结构形式对建筑的影响最直接最明显。

　　建筑方案设计和结构选型的构思是一项综合性、创造性且复杂而细致的工作，只有充分考虑各种影响因素并进行科学的全面综合分析，才有可能得到合理可行的结构选型结果。一般而言，建筑物的功能要求、建筑结构材料、施工技术、结构设计理论和计算手段等物质技术条件及经济因素是影响结构选型主要因素，下面将影响结构选型的主要因素作简要介绍，以便学习参考。

1.1　建筑物的功能要求

　　建筑物的功能要求是建筑物设计中应考虑的首要因素，功能要求包括空间要求、使用要求以及美观要求。

1.1.1　空间要求

　　建筑物的三维尺度、体量大小和空间组合关系都应根据建筑功能对建筑物客观空间环境的要求加以确定。例如，体育馆设计中首先考虑根据比赛运动项目定出场地的最小尺度及所要求的最小空间高度，然后再根据观众座位数量、视线要求和设备布置等最后定出建筑物跨度、长度和高度。

　　工业建筑则应考虑车间的使用性质、工艺流程及工艺设备、垂直及水平运输要求，以及采光通风等要求初步定出建筑物的跨度、开间及最低高度。比如，我国酒泉卫星发射中心的火箭垂直总装测试厂房是承担神舟五号载人飞船发射任务的核心工程，它的总高达 93.75m，相当于 30 多层的高楼（图 1-1），是亚洲当时最高的单层建筑。这座巨型垂直厂房采用的是钢筋混凝土巨型刚架—多筒体空间结构体系，是世界上航天发射建筑中的首创。厂房拥有世界最重的箱形屋盖，13030t 的屋盖高 15m，跨度 26.8m，距离地面 81.6m，跨度大、空间高、自重大。高 74m，整体质量达 350 余吨的厂房大门堪称亚洲第一大门。垂直总装厂房，技术厂房与勤务塔的两项功能合二为一，机房密布，技术设施健全而先进，可容纳千余人同时工作。垂直测试厂房使火箭从检测到运送发射的过程中都处于垂直状态，避免了从水平检测再到垂直发射而产生的诸多不利因素，创造了当时钢筋混凝土结构火箭垂直总装测试厂房世界第一，混凝土箱型屋盖高、大、重为世界第一，单层钢筋混凝土厂房高度世界第一，混凝土框架支撑高度世界第一的纪录。

图 1-1　酒泉卫星发射中心的火箭垂直总装测试厂房

　　建筑结构所覆盖的空间除使用空间外，还包括非使用空间，后者包括结构体系所占用的空间。当结构所覆盖的空间与建筑物的使用空间接近时，可以提高空间的使用效率、节省围护结构的初始投资费用、减少照明采暖空调负荷以及节省维修费用。因此，这是降低建筑物全寿命期费用的一个重要途径。为了达到此目的，在结构选型时要注意以下两点：

(1) 结构形式应与建筑物使用空间的要求相适应

例如：体育馆屋盖选用悬索结构体系时，场地两侧看台座位向上升高与屋盖悬索的垂度协调一致，既能符合使用功能要求又能经济有效地利用室内空间，立面造型也可处理成轻巧新颖的形状。图1-2为我国在20世纪60年代建成的北京工人体育馆，建筑平面为圆形，能容纳15000名观众。比赛大厅直径94m，外围为7.5m宽的环形框架结构，共4层，为休息廊和附属用房。大厅屋盖采用圆形双层悬索结构。

图1-2　北京工人体育馆

(a) 外景；(b) 内景

对于要求在建筑物中间部分有较高空间的房屋（如散粒材料仓库），采用落地拱最适宜。例如，湖南某盐矿2.5万吨散装盐库在结构选型中比较了两种方案，方案Ⅰ为钢筋混凝土排架结构，方案Ⅱ为拱结构，如图1-3所示。方案Ⅰ的缺点是3/5的建筑空间不能充分利用，而且盐通过皮带运输机从屋顶天窗卸入仓库时，经常冲击磨损屋架和支撑，对钢支撑和屋架有不利影响，因而没有采用。方案Ⅱ采用落地拱，由于选择了合适的矢高和外形，建筑空间得到了比较充分的利用。

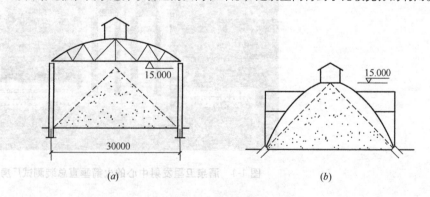

图1-3　盐库两种结构方案

(a) 排架结构方案；(b) 拱结构方案

(2) 尽量减小结构体系本身所占用的空间高度

例如：大跨度平板网架结构是三维空间结构，整体性及稳定性较好，结构刚度及安全储备均较大。因此平板网架结构的构造高度可较一般平面结构降低，从而使室内空间得到较充分的利用。例如，钢桁架结构构造高度为跨度的 1/12～1/8，而平板网架结构的构造高度仅为跨度的 1/25～1/20。

多层或高层建筑的楼盖采用肋梁结构体系时，梁的高度为跨度的 1/14～1/12。当采用密肋楼盖时由于纵横十字交叉的肋的间距较密而构成刚度较大的楼盖，楼盖高度可取跨度的 1/22～1/19。当柱距为 9m 时，采用肋梁体系的梁高约为 700mm，而密肋楼盖的高度仅为 470mm，即每层可减少结构高度 230mm。对于层数为 30 层的高层建筑则可在得到同样的使用空间的效果下，降低建筑物高度 30×0.23m=6.9m，即可降低约 2 个楼层的高度，或可在同样建筑物高度条件下增加两层使用空间。这样的经济效益是很明显的。

1.1.2　建筑物的使用要求与结构的合理几何形体相结合

建筑的使用要求涉及面很广，除了使用空间的大小、形状及其组成关系外，诸如建筑的声学条件、采光、照明、通风、排水等要求，对结构形式的确定都有着直接的影响，而这些因素时常在我们考虑结构方案时容易忽视的问题。

(1) 建筑物的声学条件与结构的合理几何体形

在结构选型设计中应注意和善于利用结构几何体形对于声学效果的影响。这方面，我国北京天坛回音壁是人们熟悉的实例（图 1-4）。现代大型厅堂建筑在声学条件上要求有较好的清晰度和丰满度，要求声场分布均匀并具有一定的混响时间，还要求在距声源一定距离内有足够的声强。

图 1-4　北京天坛回音壁

(2) 采光照明与结构的合理几何图形

传统的方法是在屋盖的水平构件（屋架）上设置"Π"形天窗。通过多年的实践及理论分析，人们认识到此种方法具有种种缺陷。首先屋盖结构传力路线迂回曲折，水平构件跨中弯矩增大。此外，天窗和挡风板突出屋面使风荷载作用下的屋盖构件、柱、基础的受力增大。突出屋面的天窗架重心高、刚度差、连接弱，不利于抗震。此种天窗还使结构所覆盖的非使用空间加大。此外室内天然采光照度也不均匀。而利用桁架上下弦杆之间设置下沉式天窗，在结构受力、空间利用与采光效果方面都比"Ⅱ"形天窗优越。另外，可通过结构单元的适当组合，形成高侧采光或顶部采光，也可直接在屋盖结构所形成的顶界面上开设采光口或采光带。这些措施使得适应屋盖结构合理几何体形的灵活性加大。

图1-5　国家游泳中心

北京国家游泳中心，即"水立方"，总建筑面积约 80000m²，其中地下部分不少于 15000m²，长宽高为 177m×177m×30m。它的膜结构是世界之最——ETFE膜，呈透明状，能为场馆内带来更多的自然光（图1-5）。

（3）排水与结构的合理几何图形

在结构选型设计中，屋面排水是另一个需着重考虑的问题。例如大跨度平板网架结构一般通过起拱来解决屋面排水问题。由于网架结构单元构件组合方案不同以及节点构造方案不同，结构起拱的灵活性也不同。例如钢管球节点网架采用两坡起拱或四坡起拱均可，而角钢板节点网架宜用两坡起拱。正方形平面周边支承两向正交斜放交叉桁架型网架适于四坡起拱，而两向正交正放交叉桁架型网架只适于两坡起拱。正交正放抽空四角锥网架起拱较方便，而斜放四角锥网架起拱较困难。为了保证屋盖结构具有比较合理的几何体形，排水处理应因势利导，结合使用空间形状、天然采光形式、内庭院布置以及室内垂直支撑结构的利用等，作灵活多样的不同考虑。

1.2　建筑的物质技术条件对结构选型的影响

建筑的物质技术条件主要指房屋用什么建造和怎样去建造的问题。它一般包括建筑的材料、结构、建筑施工技术和建筑中的各种设备等。它对结构选型的影响起着决定性的作用。

1.2.1 建筑结构材料性能对结构选型的影响

结构形式有很多，如梁板、拱、刚架、桁架、悬索、薄壳等。组成结构的材料有钢、木、砖、石、混凝土及钢筋混凝土等。结构的合理性首先表现在组成这个结构的材料的强度能不能充分发挥作用。随着工程力学和建筑材料的发展，结构形式也不断发展。人们总是想用最少的材料，获得最大的效果。以下两点是我们在确定结构形式时应当遵循的原则：

(1) 选择能充分发挥材料性能的结构形式

由于构件轴心受力比偏心受力或受弯状态能更充分利用材料的强度，因此人们根据力学原理及材料的特性创造出了多种形式的结构，使这些结构的构件处于无弯矩的状态或减小弯矩峰值，从而使材料的抗拉和抗压性能得到充分发挥。

从图 1-6 可看出，轴心受力构件截面上的应力分布均匀，整个截面的材料强度都得到充分利用。受弯构件截面上的应力分布非常不均匀，除了上下边缘达到强度指标之外，中间部分的材料没有充分发挥作用。因此应该把中间部分的材料减少到最低限度，把它集中到上下边缘处，这样就形成了受力较为合理的工字形截面杆件。以承受集中荷载的简支梁（图 1-7a）为例，从矩形

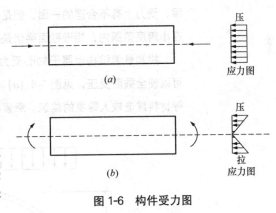

图 1-6　构件受力图

(a) 中心受压；(b) 受弯

截面改变为工字形截面（图 1-7b），受力就较为合理了。再进一步，我们还可以把梁腹部的材料挖去，形成三角形的孔洞，于是梁就变成了桁架结构（图 1-7c）。

桁架结构，在结点荷载作用下，各杆件处于轴心受力状态，受力较为合理，适用于较大跨度的建筑。桁架的上弦受压，下弦受拉，它们组成力偶来抵抗弯矩；腹杆以所承受轴力的竖向分量来抵抗剪力。从这里可以进一步看出，桁架比工字形截面梁更能发挥材料的力学性能。

从图 1-7 (a) 还可以看出，梁的弯矩图呈折线形（接近抛物线），跨中最大两端为零。因此在矩形桁架中各个杆件的内力有大有小，不能使每一根杆件的材料强度都得到充分利用。于是，再进一步把桁架的外轮廓线与弯矩图的形状一致起来，使受力更加合理，如图 1-7 (d) 所示。

由上可知，在设计中应该力求使结构形式与内力图一致起来。当然，在这里也必须指出，构件的合理性是相对的，受力合理只是其中的一个方面。矩形截面

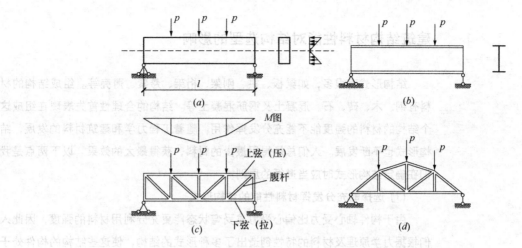

图1-7 不同构件受力分析

(a) 矩形截面简支梁；(b) 工字形截面简支梁；(c) 平行弦桁架；(d) 拱形桁架

梁，受力上有不合理的一面，但是它的外形简单，制作方便，又有其合理的一面。在小跨度范围内，矩形截面梁仍是广泛应用的构件形式之一。

拱和悬索结构也属于轴心受力结构。在拱结构中，当其轴线为合理曲线时，可以使全截面受压，见图1-8 (a)。因此，可以利用抗压强度高的砖、石、混凝土等材料建造较大跨度的建筑。悬索结构是轴心受拉结构，它可以利用高强钢丝建

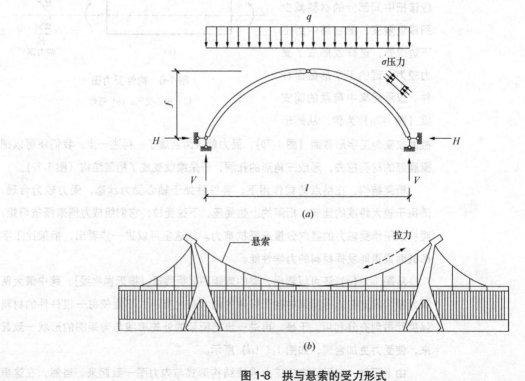

图1-8 拱与悬索的受力形式

(a) 拱；(b) 悬索

造大跨度的建筑，见图 1-8 (b)。

梁、桁架和拱均属杆件系统结构。薄壁空间结构也是一种受力合理的结构形式。自然界动物的卵壳和蚌壳等，都是利用最少材料获得最好效果的实例。曲面形的薄壁空间结构也主要是轴心受力，因此也能充分发挥材料的力学性能。由于它的空间作用，结构刚度也大。几十米的大跨度屋盖，薄壳厚度可做到几厘米，如图 1-9 所示。

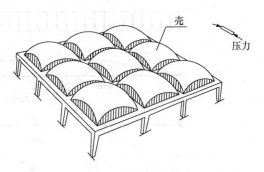

壳

压力

图 1-9　双曲薄壳屋盖

除了根据力学原理选择合理的结构形式，使结构处于无弯矩状态，以达到受力合理、节约材料的目的之外，减少结构的弯矩峰值，也是使结构受力合理的途径之一（图 1-10）。利用结构的连续性，采用刚架和悬臂梁结构，可以使梁的弯矩峰值比同样跨度简支梁的弯矩峰值大大减少。这样也可以达到提高结构承载能力或扩大结构跨度的目的。

(2) 合理选用结构材料

建筑结构材料是形成结构的物质基础。木结构、砖石结构、钢结构，以及钢筋混凝土结构因其材料特征不同而具备各自的规律。例如砖石结构抗压强度高但抗弯、抗剪、抗拉强度低，而且脆性大，往往无警告阶段即破坏。钢筋混凝土结构有较大的抗弯、抗剪强度，而且延性优于砖石结构，但仍属于脆性材料而且自重大。钢结构抗拉强度高，自重轻，但需特别注意当细长比大时在轴向压力作用下的杆件失稳情况。因此选用材料的原则是充分利用它的长处，避免和克服它的短处。对于建筑结构的材料的基本要求是轻质、高强，具有一定的可塑性和便于加工。特别在大跨度和高层建筑中，采用轻质高强材料具有极大的意义。

随着科学技术的发展，新的结构材料的诞生带来新的结构形式并从而促进建筑形式的巨大变革。19 世纪末期，钢材和钢筋混凝土材料的推广引起了建筑结构革命，出现高层结构及大跨度结构的新结构形式。近年来混凝土向高强方向发展。混凝土强度提高后可减少结构断面尺寸、减轻结构自重，提供较大的使用空间。

例如：据俄罗斯资料介绍，用强度为 60MPa 的混凝土代替强度为 30～40MPa 的混凝土，可节约混凝土用量 40%，钢材 39% 左右。国际预应力混凝土下属委员会也曾指出，如果用强度为 100MPa 的混凝土制成预应力构件，其自重将减轻到

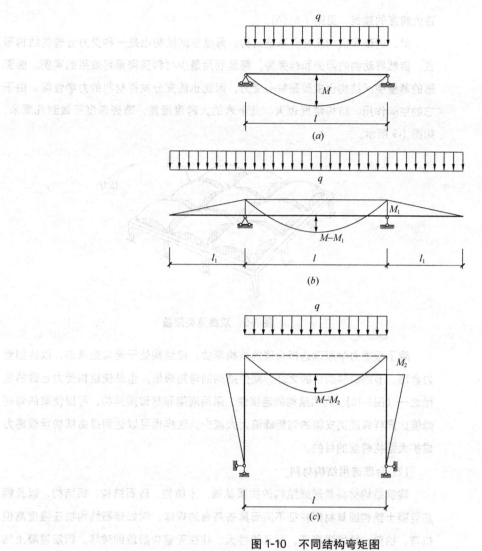

图 1-10　不同结构弯矩图

(a) 简支梁弯矩图；(b) 伸臂梁弯矩图；(c) 刚架弯矩

相当于钢结构的自重。还有的学者认为如把混凝土强度提高到120MPa并结合预应力技术，可使混凝土结构代替大部分钢结构，并使1kg混凝土结构达到1kg钢结构的承载能力。钢筋混凝土结构的选型问题必将带来一场变革。但随着混凝土向高强方向发展其脆性大大增加，这是一个需要注意的问题。

此外，轻骨料混凝土在建筑结构中有很好的应用前景。澳大利亚曾应用轻骨料混凝土建造了两幢50层的建筑，其中一幢为高184m、直径41m的塔式建筑，其7层以上90%的楼板和柱均用钢筋轻骨料混凝土制作，使整个建筑物节省141万美元。

复合材料的发展是另一个值得重视的发展方向，有关研究部门进行的试验表明，钢管混凝土具有很大优越性。例如混凝土断面的承载能力为294.2kN，钢管承载能力为304.0kN，组成钢管混凝土柱以后，由于钢管约束混凝土的横向变形而使承载能力提高到862.99kN，比两种组成材料的承载能力之和598.2kN提高44%。

近十几年来钢管混凝土结构在单层及多层工业厂房中已得到较广泛应用，工程经验表明：承重柱自重可减轻 65% 左右，由于柱截面减小而相应增加使用面积，钢材消耗指标与钢筋混凝土结构接近，而工程造价与钢筋混凝土结构相比可降低 15% 左右，工程施工工期缩短 1/3。此外钢管混凝土结构显示出良好的塑性和韧性。

另一种有前途的复合材料是钢纤维混凝土，钢纤维体积率为 1.5%～2% 的钢纤维混凝土的抗压强度提高很小，但抗拉、抗弯强度大大提高。同时，结构的韧性及抗疲劳性能有大幅度提高。南京五台山体育场的主席台是利用钢纤维混凝土的优良性能而建造的大型结构实例之一。主席台的悬臂挑檐的挑出长度 14m，采用薄壁折板结构。为了提高抗裂性，折板采用钢纤维混凝土。靠近柱的三分之一部分，钢纤维用量为 150kg/m³，其余部分用量为 75kg/m³。拆模后未见任何微裂缝，在悬臂端部 11 个点测定挠度最大值仅为 17.4mm。

1.2.2　施工技术水平对建筑结构形式的影响

建筑施工的生产技术水平及生产手段对建筑结构形式有很大影响。在手工劳动的时代只能用小型砖石块体来建造墙柱拱，或采用木骨架的结构形式。近代大工业生产出现后，在钢铁工业及机械工业得到很大发展的基础上，大型起重机械及各种建筑机械（例如混凝土泵）相继问世，才使高层建筑及大跨度建筑的各种结构形式成为现实。

(1) 施工技术是实现先进结构形式的保障

薄壳结构是一种薄壁空间结构，主要承受曲面内的薄膜内力（或无矩内力）作用，所以材料的强度能得到充分利用，同时具有很高的强度和很大的刚度。因此可以采用很薄的结构厚度来建造大跨度结构，自重轻、材料省。例如 35m×35m 双曲扁壳屋盖的壳体厚度仅 80mm，而 6m×6m 的钢筋混凝土双向板的最小厚度约 130mm。但是采用现浇的施工方法来实现薄壳结构有很大局限性，最大困难在于支设曲面模板耗费工料多，施工速度慢。为了解决此问题曾一度使用工具式移动模板来进行现浇薄壳施工，但此种施工方法只适用于结构形状及断面尺寸不变的筒壳结构，也有一定局限性。

此外，国内外均有采用旋转模板进行薄壳施工的实例，例如美国西雅图金郡体育馆直径 202m 穹顶采用十字形金属旋转胎模现浇而成，其立意也在于节省模板安装的工料，但此种施工方法只适用于旋转薄壳。装配式薄壳施工方法为薄壳结构发展扫平了道路。例如法国 Marigane 飞机库由六波薄壳组成屋盖，每波的波宽 9.78m，跨度 101.5m，矢高 12.19m，重达 4200t，用顶升法施工升到 18.29m 标高，可见需要高超的施工技术。

(2) 结构选型要考虑实际施工条件

施工技术条件不具备或结构方案不适应现有技术能力将给工程建设带来困难。

显然在结构选型时应考虑上述因素的影响。例如：装配式框架结构方案的选用需要认真考虑施工单位的焊工技术力量和吊装设备等条件，否则将给工程质量带来严重影响。如图 1-11 所示某工业建筑的第一层为现浇柱梁板结构，第二层结构方案为现浇柱、预制钢筋混凝土屋盖及大型屋面板。原设计选用 18m 装配式预应力薄腹梁，施工单位提出意见认为：薄腹梁加上吊具总重超过 10t，该建筑为二层结构，起重机需在跨外吊装，为了满足起重半径及起重高度要求，需采用 75t 轮胎式起重机。此种起重机在当地只有两台，难以及时租用，且起重机自重大，在软弱地面上开行也将造成困难。经设计单位研究，决定变更设计，采用 18m 普通钢筋混凝土折线形屋架，质量仅 5t 多，当时已在现场使用的 3～8t 塔式起重机即可满足需要。

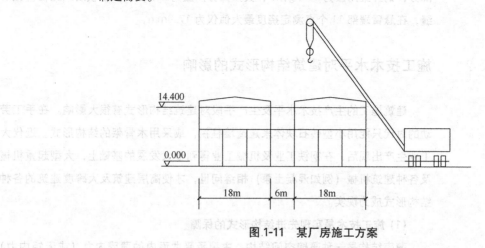

图 1-11　某厂房施工方案

1.2.3　结构计算手段的提升和设计理论的发展

新结构与新材料的不断运用与实践，人们逐渐更深入地认识了客观物质世界的内在矛盾运动规律并上升为理论而发展了结构理论，使人们提高了结构设计水平。结构设计理论的发展及计算手段的改进，反过来为解决复杂的结构设计与优选问题提供了有利条件。

(1) 计算手段的提升对复杂新型结构的设计产生影响

在结构分析方面随着计算机运算速度的加快和贮存的增大，使各种复杂的空间结构的静力及动力计算问题迎刃而解。由于计算时间的缩短及计算精度的提高，人们不但可较方便地采用各种较复杂的结构形式，而且还可进一步对各种形式的结构进行经济比较以优化设计。过去由于计算手段上的困难，尽管人们希望在制定结构方案时能进行多方案比较，但常因工作量过大、工时过长而难以实现。人们只能凭经验定出一两个可行的结构方案进行简单的比较，而大量时间都消耗在构件的分析和计算工作上。如今计算手段的改进对于一个大型工程的结构方案构思必然产生重要影响。计算机正在深入结构工程的各个领域，进而贮存各种专门知识和经验，形成所谓的"专家系统"和"人工智能决策系统"。

(2) 抗震设计理论的研究和发展

自古以来，地震给人类造成了巨大的灾害。人类在适应自然和改造自然的过程中，不断探索抵御地震的方法。地震震害分析表明，破坏性地震引起的人员伤亡和经济损失，主要是由于地震时产生的巨大能量使得建筑物、工程设施发生破坏和倒塌，以及伴随的次生灾害造成的。工程建设时必须进行科学合理的抗震设防，这是人类减轻地震灾害对策中最积极和最有效的措施。

我国大部分地区处于地震区，《中华人民共和国防震减灾法》规定建设工程必须按照抗震设防要求和抗震设计规范进行抗震设计，并按照抗震设计进行施工。目前，我国采取"小震不坏、中震可修、大震不倒"的抗震设计准则。依此设计思想设计的结构在遇到破坏性地震时，允许出现一定的破坏，但主体结构不能倒塌，确保人员生命安全。即在多遇地震烈度下保证建筑物不受破坏，使生产和正常生活不受干扰；在遇到罕见地震时保证建筑物不至于严重倒塌而酿成大灾。

由于存在诸多不确定因素，建筑结构的抗震设计计算无法涵盖可能遇到的所有不确定因素。因此，运用概念设计从总体上来提高建筑结构的抗震能力是抗震设计的重要原则。

建筑结构的抗震概念设计是根据地震灾害和工程经验等所形成的基本设计原则和设计思想，进行建筑和结构总体布置并确定细部构造的过程。地震震害分析表明，结构抗震概念设计与结构抗震设计计算对于改善结构的抗震性能同样重要。工程结构的抗震概念设计主要包含以下几方面的内容。

1) 选择对抗震有利的场地、地基和基础

选择建筑场地时，应根据工程需要，掌握地震活动情况、工程地质和地震地质的有关资料，作出综合评价。宜选择有利地段，避开不利地段。当无法避开不利地段时，应采取有效措施。不应在危险地段建造房屋建筑。

同一结构单元的基础不宜设置在性质截然不同的地基上，也不宜部分采用天然地基部分采用桩基。地基为软弱黏性土、液化土、新近填土或严重不均匀土时，应考虑地震时地基不均匀沉降或其他不利影响，并采取相应的措施。

2) 采用对抗震有利的建筑平面和立面

为了避免地震时结构物发生扭转、应力集中或塑性变形集中而形成薄弱部位，建筑及抗侧力结构的平面布置宜规则、对称，并具有良好的整体性。建筑的立面和竖向剖面宜规则，结构的抗侧刚度宜均匀变化，竖向抗侧力构件的截面尺寸和材料强度宜自下而上逐渐减小，避免抗侧力结构的抗侧刚度和承载力突变。不应采用严重不规则的设计方案。

体型复杂、平立面特别不规则的建筑结构，可按实际需要在适当部位设置防震缝，以形成多个较规则的抗侧力构件单元，防震缝应根据设防烈度、结构材料类型和结构体系、建筑结构单元的高度和高差情况，留有足够的宽度。伸缩缝和沉降缝的宽度应符合防震缝的要求。

3）选择技术上、经济上合理的结构体系

结构体系应根据建筑的抗震设防类别、设防烈度、建筑高度、场地条件、地基、材料和施工等因素，经技术、经济条件综合比较确定。

结构体系应具有合理、明确的地震作用传递途径，应具备必要的抗震承载力、良好的变形能力，并符合有关结构构造要求。

4）处理好非结构构件

非结构构件一般不属于主体结构的一部分，或为非承重结构，在抗震设计时往往被忽视，但从地震灾害来看有不可忽视的影响。特别是现代建筑装修的造价占很大比例，非结构构件的破坏影响更大。因此，在抗震设计中处理好非结构构件可防止附加震害，减少损失。

5）注意材料的选择和施工质量

抗震结构在材料选用、施工质量、材料的代用上有其特殊的要求，应予以重视。抗震结构对材料和施工质量的特别要求，应在设计文件上注明。对砌体材料、混凝土材料、钢结构的钢材应符合的最低要求，及材料代用和施工中的具体要求可参阅有关规范和资料。

1.3 建筑结构的艺术表现力

M·E·托罗哈说："结构设计与科学技术有更密切的关系，然而，却是在很大程度上涉及艺术，关系到人们的感受、情趣、适应性，以及对合宜的结构造型的欣赏……"

世界上有许多被公认为成功的建筑，是通过对结构体系的袒露和艺术加工而表现建筑美的。下面介绍意大利奈尔维设计的两个建筑，就是在这方面的典范。

(1) 意大利佛罗伦萨运动场的大看台

佛罗伦萨运动场大看台雨篷的挑梁伸出17m，是一个钢筋混凝土梁板结构（图1-12）。建筑师把雨篷的挑梁外形与其弯矩图统一起来。但又不是简单的统一，

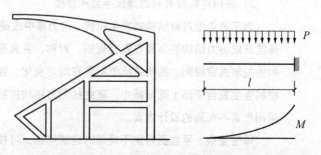

图1-12　意大利佛罗伦萨运动场的大看台

而是利用混凝土的可塑性对挑梁的外轮廓进行艺术处理，在挑梁支座附近挖了一个带有椭圆弧线的三角形孔，既减轻了结构自重，又获得了良好艺术效果。这个例子说明，结构的作用是建筑艺术表现力的重要源泉。

(2) 意大利罗马小体育宫

罗马小体育宫建于 1957 年，设计者为意大利建筑师 A. 维泰洛齐和工程师 P. L. 奈尔维，是为 1960 年在罗马举行的奥林匹克运动会修建的练习馆，兼作篮球、网球、拳击等比赛用（图 1-13）。罗马小体育宫可容 6000 观众，加活动看台能容 8000 观众。

图 1-13　罗马小体育宫

小体育宫平面为圆形，直径 60m，屋顶是一球形穹顶，在结构上与看台脱开。穹顶的上部开一小圆洞，底下悬挂天桥，布置照明灯具，洞上再覆盖一小圆盖。穹顶宛如一张反扣的荷叶，由沿圆周均匀分布的 36 个丫形斜撑承托，把荷载传到埋在地下的一圈地梁上。斜撑中部有一圈白色的钢筋混凝土"腰带"，是附属用房的屋顶，兼作联系梁。球顶下缘由各支点间均分，向上拱起，避免了不利的弯矩。从建筑效果上看，既使轮廓丰富，又可防止因视错觉产生的下陷感。小体育宫的外形比例匀称，小圆盖、球顶、丫形支撑、"腰带"等各部分划得宜。小圆盖下的玻璃窗与球顶下的带形窗遥相呼应，又与屋顶、附属用房形成虚实对比。"腰带"在深深的背景上浮现出来，既丰富了层次，又产生尺度感。丫形斜撑完全暴露在外，混凝土表面不加装饰，显得强劲有力，表现出体育所特有的技巧和力量，使建筑获得强烈的个性。

从外观看，在结构接近地面处，由于高度不够无法使用，于是把这部分结构划在隔墙之外，这样不仅在外形上清楚地显示了建筑物的结构特点，且十分形象地表现了独具风格的艺术效果。穹隆的檐边构件，作为屋面向丫形支承构件的过度，承上启下，波浪起伏，使建筑外形显得丰富优美而自然。屋面中央的天窗，在功能上是非常需要的，恰如其分地凸起，在外观上起着提神的作用。

同时，这个建筑还对施工问题做了很周密的考虑。采用装配整体式结构，既省了大量模板，又保证了结构的整体性。施工时，起重机安放在中央天窗处，这是最理想的位置。而且由于整个建筑物没有任何多余的装饰，因此经济效果亦较好。

(3) 国家体育场"鸟巢"

国家体育场外观即为建筑的结构，立面与结构达到了完美的统一（图1-13）。结构的组件相互支撑，形成了网络状的构架，它就像树枝编织的鸟巢。"鸟巢"外形结构主要由巨大的门式钢架组成，共有24根桁架柱。建筑顶面呈鞍形，长轴为332.3m，短轴为296.4m，最高点高度为68.5m，最低点高度为42.8m。

体育场外壳采用可作为填充物的气垫膜，使屋顶达到完全防水的要求，阳光可以穿过透明的屋顶满足室内草坪的生长需要。比赛时，看台是可以通过多种方式进行变化的，可以满足不同时期不同观众量的要求。奥运期间的20000个临时座席分布在体育场的最上端，且能保证每个人都能清楚地看到整个赛场。

鸟巢设计充分体现了人文关怀，碗状座席环抱着赛场的收拢结构，上下层之间错落有致，无论观众坐在哪个位置，和赛场中心点之间的视线距离都在140m左右。"鸟巢"的下层膜采用吸声膜材料，钢结构构件上设置吸声材料，场内使用电声扩音系统。这三层"特殊装置"使"巢"内的语音清晰度指标指数达到0.6——保证了坐在任何位置的观众都能清晰地收听到广播。"鸟巢"的设计师们还运用流体力学设计，模拟出91000个人同时观赛的自然通风状况，让所有观众都能享有同样的自然光和自然通风。

图1-14 国家体育场

1.4 房屋结构的荷载分类

房屋结构上的荷载分为竖向荷载和水平荷载两类。随着建筑物高度的增加，在竖向荷载作用下，底层结构产生的内力中仅轴力 N 随着高度呈线性增长，弯矩 M 和剪力 V 并不增加。而在水平荷载作用下，结构中产生的弯矩 M 和剪力 V 却随着房屋高度的增加呈快速增长趋势，同时，结构的侧向移动也增加更快。也就是说，随着房屋高度的增加，水平荷载对结构所起的作用越来越重要。一般来说，低层民用建筑，对结构设计起控制作用的是竖向荷载；多层建筑，水平荷载与竖向荷载共同起控制作用；而对高层建筑，竖向荷载仍对结构设计具有重要影响，但对结构设计起绝对控制作用的却是水平荷载。

1.4.1 竖向荷载

（1）恒荷载

竖向荷载中的恒荷载主要包括结构自重及各种建筑装饰材料、饰面的自重。一般可按相应材料自重和构件几何尺寸计算。这些荷载取值可根据《建筑结构荷载规范》GB 50009—2012 进行计算。

（2）楼面活荷载

一般民用建筑楼面荷载取值按《建筑结构荷载规范》GB 50009—2012 选用，当有特殊要求时，应按实际情况考虑。

（3）屋面活荷载

屋面活荷载主要包括屋面均布活荷载和雪荷载。《建筑结构荷载规范》GB 50009—2012 规定：屋面均布活荷载不应与雪荷载同时考虑。设计计算时，取两者中较大值。

当采用不上人屋面时，屋面均布活荷载标准值取 $0.5kN/m^2$，当施工或维修荷载较大时，应按实际情况采用；采用上人屋面时，屋面均布活荷载标准值取 $2.0kN/m^2$，当上人屋面兼作其他用途时，应按相应楼面活荷载采用。

1.4.2 水平荷载

（1）风荷载

对于高层建筑结构而言，风荷载是结构承受的主要水平荷载之一，在非抗震设防区或抗震设防烈度较低的地区，风荷载常常是结构设计的控制条件。层数较低的建筑物，风荷载产生的振动一般很小，设计时可不考虑。

作用在建筑物上的风荷载与基本风压、建筑体型、高度及地面的粗糙度等有关。垂直作用于建筑物表面上的风荷载标准值按下列公式计算：

$$\omega_k = \beta_z \cdot \mu_s \cdot \mu_z \cdot \omega_0 \tag{1-1}$$

式中　ω_k ——风荷载标准值（kN/m^2）；

　　　β_z ——高度 z 处的风振系数，即考虑风荷载动力效益的影响，对房屋高度不大于 30m 或高宽比小于 1.5 的建筑结构可不考虑此影响，取值 1.0；

　　　μ_s ——风压高度变化系数，地面粗糙度不同取值不同，取值详见《建筑结构荷载规范》；

ω_0 ——基本风压（kN/m^2），应按《建筑结构荷载规范》GB 50009—2012
给出的值查取。

（2）水平地震作用

一般在抗震设防烈度 6 度以上时需进行地震作用计算。地震作用又分为竖向地震作用和水平地震作用。由于高层建筑结构的高度大，在地震设防烈度较高的地区，水平地震作用常常成为结构设计的控制条件。

Chapter 2 Reinforced concrete floor structure

第2章　钢筋混凝土楼盖

第2章 钢筋混凝土楼盖

2.1 概述

楼盖是建筑结构中的重要组成部分，在整个房屋的材料用量和造价方面所占的比重相当大。它一方面主要传递竖向荷载至垂直构件，另一方面还将风荷载、地震作用等水平力有效地传递到各抗侧力构件，并与竖向构件连接成为整体的空间结构，对构件的稳定性、安全性起着重要的作用。因此，合理选择楼盖的形式，正确地进行设计对整个房屋结构的使用和技术经济指标具有一定的影响。

钢筋混凝土楼盖，按其结构形式，楼盖可以分为普通肋梁楼盖、密肋梁楼盖和无肋梁楼盖（又称板柱结构），其中，肋梁楼盖按其楼板的支撑受力条件不同可分为单向肋梁楼盖和双向肋梁楼盖。

钢筋混凝土楼板按其楼盖施工方法不同，可以分为现浇楼盖、装配式楼盖以及整体装配式楼盖等形式。其中，现浇楼盖整体刚度大，整体性较好，抗震抗冲击性好，防水性好，对不规则平面的适应性强，开洞容易。缺点是需要大量模板，现场作业量大，工期也较长，且施工受季节影响大。

此外，钢筋混凝土楼盖按预加应力情况，楼盖可以分为非预应力钢筋混凝土楼盖和预应力混凝土楼盖。其中，预应力混凝土楼盖用得最多的是无粘结预应力混凝土楼盖；当柱网尺寸较大时，预应力混凝土楼盖可以有效减小板厚，降低建筑层高。

楼盖和屋盖起着把水平力传递和分配给竖向结构体系的作用，并且在高层建筑中通常假定楼、屋盖在自身平面的刚度是无限大，因此楼、屋盖的整体性和在自身平面内的刚度是十分重要的。为此，我国《高层建筑混凝土结构设计规程》JGJ 3—2010 规定，在高层建筑中，楼盖易现浇；对抗震设防的建筑，当高度大于 50m 时，楼盖采用现浇；当高度小于 50m 时，在顶层、刚性过渡层和平面复杂或开洞过多的楼层，也应采用现浇楼盖。

2.2 现浇肋梁楼盖

肋梁楼盖结构体系是一种普遍采用的结构体系，它的优点是梁板布置灵活，并且具有较好的技术经济指标，但要求具有较大的层高。

肋梁楼盖一般由板、主梁、次梁组成，每一区格板一般四边均有梁或墙支撑，形成四边支撑板（图 2-1）。它受力明确，板上荷载直接传到框架梁，梁再将荷载传到柱或剪力墙。因此，梁将竖向结构连为一个整体，起到空间协调作用。当区格板的长边 l_2 与短边 l_1 之比较大时沿短边传递的荷载增大，沿长边传递的荷载减

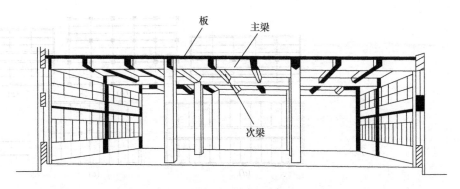

图 2-1 现浇肋梁楼盖

小。分析表明，当板的长短边之比≤2 时，认为板沿长边方向的弯曲不可忽略荷载沿两个方向传到梁上，此时楼盖上的梁无主梁和次梁之分，这种板称为双向板。当长边和短边之比≥3 时，何在主要沿短跨方向传递，可忽略何在沿长边传递的荷载，因此称这种板为单向板。当 $2 \leqslant \frac{l_2}{l_1} \leqslant 3$ 的板，可以按单向板设计，但适应增加沿长跨方向的分布筋，以承担长跨方向的弯矩。

单向板肋梁楼盖的传力路径：板→次梁→主梁→柱或墙。双向板肋梁楼盖的传力路径：板→梁→柱或墙。

2.2.1　单向板肋梁楼盖

单向肋梁楼盖的布置一般取决于建筑功能的要求。考虑到经济、美观、适用性的要求，在进行楼盖的结构平面布置时，应注意以下问题：

(1) 受力合理：荷载传递要简捷，梁宜拉通，避免凌乱；主梁跨间最好不要只布置一根次梁，以减小主梁间弯矩的不均匀；尽量避免把梁，特别主梁搁置在门、窗过梁上；在楼、屋面上有机械设备、冷却塔、悬挂装置等荷载比较大的地方，宜设次梁；楼板上开有较大尺寸的洞口时，应在洞口周边设置加劲的小梁。

(2) 满足建筑要求：不封闭的阳台、厨房间和卫生间的板面标高宜低于其他部位 30～50mm，当不做吊顶时，一个房间平面内不宜只放一根梁。

(3) 方便施工：梁的截面种类不宜过多，梁的布置尽可能规则，梁截面尺寸应考虑设置模板的方便，特别是采用钢模板时。

单向肋梁楼盖结构平面布置方案通常由三种：

(1) 主梁横向布置，次梁纵向布置（图 2-2a、b、c），其优点是主梁和柱可以形成横向框架，横向抗侧移刚度大，各榀横向框架间由纵向的次梁连接，房屋的整体性较好。此外，由于外纵墙处仅设次梁，故窗户高度可以开得大些，对采光有利。

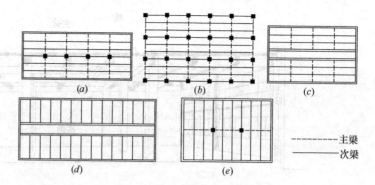

图 2-2　单向板肋梁楼盖

（a）～（c）主梁沿横向布置；（d）无主梁；（e）主梁沿纵向布置

（2）主梁纵向布置次梁横向布置（图 2-2e），这种结构适应于横向柱距比纵向柱距大得多的情况。它的优点是减小了主梁的截面高度，增加了室内净高。

（3）只布置次梁，不设置主梁（图 2-2d）。它仅适用于有中间走道的砌体墙体承重的混合结构房屋。

为满足刚度要求，单向楼板的厚度应不小于板跨度的 1/40（连续板）、1/35（简支板）以及 1/12（悬臂板），次梁的高跨比一般可取 1/12～1/18，主梁的高跨比 1/8～1/14。梁截面宽高比一般为 1/3～1/2，特殊情况下，由于建筑功能的限制，也可以做成扁平梁，以节约空间，降低层高。如深圳国金贸易中心（简中筒结构 50 层，160m 高），外筒跨度为 8m，层高限制为 3m，故采用 3.75m 间距、截面为 450mm×450mm 的宽扁梁。宽扁梁可以降低层高，但钢筋混凝土增加许多，自重加大，技术经济指标下降。

除考虑以上因素外，梁、板各跨度宜相等，即使不相等，相邻跨度之差也不宜超过 10%，这样结构简单，梁、板的工作较为有利，施工也方便。

2.2.2　双向板肋梁楼盖

在纵、横两个方向弯曲且都不能忽略的板称为双向板。双向板的支承形式可以是四边支承、三边支承、两边支撑或四点支撑；板的平面形状可以是正方形、矩形、圆形、三角形或其他形状。一般布置为正方形或接近正方形，方形双向板的区隔不宜大于 5m×5m，矩形双向板的短边不宜大于 4m（图 2-3）。

双向板由于两个方向跨度比较接近，沿长跨方向传递的弯矩不能忽略，因此，双向板受力钢筋应沿两个方向布置。与单向板相比，双向板受力较好，刚度较大，故跨度较大，板厚也较同跨度单向板薄。一般情况下，连续双向板厚度不应小于较小跨度的 1/50，简支板厚度不应小于较小跨度的 1/45，且均不宜小于 80mm。

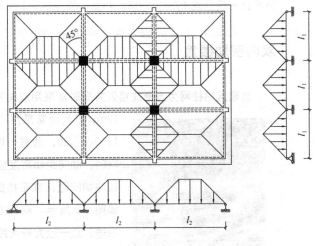

图 2-3　双向肋梁板楼盖中梁的荷载

2.3　密肋楼盖

密肋楼盖由薄板和间距较小的肋梁组成，适用于中等或较大跨度的公共建筑。根据肋梁布置方式的不同，密肋楼盖可分为单向密肋楼盖和双向密肋楼盖两种。密肋楼盖一般用于跨度大且梁高受限制的情况。与一般钢筋混凝土楼盖相比，密肋楼盖可节约钢材及混凝土 30%～40%，有效降低楼盖造价。此外，混凝土折算厚度减小，使楼盖自重降低，增加了结构净高。密肋楼盖施工过程中一般利用定型尺寸的塑料壳，配以工具式支模系统，支模及拆模方便，施工简便快速。

2.3.1　单向密肋楼盖

单向板密肋楼盖（图 2-4）常用于长宽比大于 1.5 的楼盖，跨度不宜大于6.0m，其受力性能与单向板肋梁楼盖相似，荷载都是沿短跨方向传递到两边的肋上。但由于肋间距比较小，所承受的荷载也很小，所以肋的截面尺寸也较小，其

图 2-4　单向密肋楼盖

高跨比一般可取 1/20～1/18。肋宽一般为 80～120mm。

2.3.2 双向密肋楼盖

当建筑的柱网为方形或接近方形时常采用双向密肋楼盖形式，柱距不宜大于 12m，肋间距常采用 1.0～1.5m，肋高可取跨度的 1/30～1/20，肋宽一般为 150～200mm。当为小柱网时，肋间距和高度应相应减小。为解决柱边板的抗冲切问题，常在柱的附近做一块加厚的实心板，如图 2-5 所示。双向密肋楼盖中两个方向肋梁高度相等，且一般为等间距布置，双向空间承受荷载作用，抗扭刚度大，变形较小，受力性能好，可用于建造一些中、大跨度楼盖。由于梁布置成井字形，有时也称井字楼盖。当肋间距大于 1m 时，具有美观的建筑造型效果，可省去吊顶，增加楼层净高。

图 2-5 双向密肋楼盖

双向密肋楼盖中楼板平面可以为方形、矩形，也可为多边形。梁肋可双向布置，也可以三向布置。

2.4 无梁楼盖

无梁楼盖（图 2-6）的特点是不设梁，由于看不到梁，顶棚为平面，因此又称为平板。这种楼盖建筑空间大，施工简便，常用于层数较少而层高受限制的建筑物，如仓库、厂房等，但当有很大集中荷载时不宜采用。无梁楼盖的跨度一般不超过 6m。为满足刚度要求，这种楼盖厚度较大，当不验算板的变形时，板厚与板的最大跨度之比一般为 1/35～1/30，且不应小于 150mm。为使板与柱更好地整接，同时减小板的计算跨度，柱上往往加设柱帽，或同时加设柱帽和帽顶板，此

图 2-6 无梁楼盖

时板厚可取跨度的 1/40～1/32，且不应小于 120mm。当采用无柱帽时，柱上板带可适当加厚，加厚部分的宽度可取相应板跨的 0.3 倍。

2.5　钢-混凝土组合楼盖

钢-混凝土组合楼盖结构是多高层建筑中一种新型的梁板结构体系（图 2-7）。它是通过连接件（或粘接力）把楼盖体系中钢部件和混凝土部件连接在一起，使它们共同受力和变形的结构体系。混凝土具有较好的抗压性能，而钢材具有很好的抗拉性能，把两者合理地连接在一起，可以做到充分利用材料的性能，扬长避短，各尽所能，协同工作，充分发挥结构的作用。

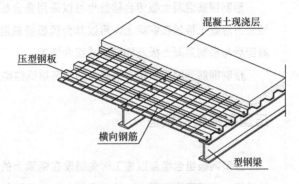

图 2-7　钢-混凝土组合楼盖

目前常用的钢-混凝土组合楼板按楼板类型，可以分为以下三种：

2.5.1　现浇钢筋混凝土板组合楼盖

现浇钢筋混凝土板组合楼盖钢梁和现浇混凝土板通过剪力连接件组合而成（图 2-8）。其整体性好，灵活性大，能满足各种平面形状。在组合楼盖体系发展的初级阶段，现浇钢筋混凝土组合楼盖用得比较多。但由于钢筋混凝土板组合楼盖现场浇筑混凝土，施工麻烦，施工工序繁琐，导致施工速度较慢，故在目前的高层钢结构中使用逐步减少。

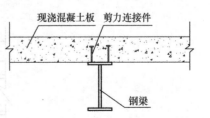

图 2-8　现浇钢筋混凝土板组合楼盖

2.5.2　预制钢筋混凝土板组合楼盖

预制钢筋混凝土板组合楼盖采用预制混凝土板或预制预应力混凝土板，将其支撑在已焊有栓连接件的钢梁上，在有栓钉处混凝土板边缘留有槽口，然后用细石混凝土浇灌槽口与板缝间隙（图2-9）。

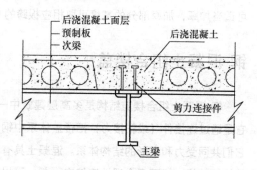

图2-9 预制钢筋混凝土板组合楼盖

预制钢筋混凝土板组合楼盖也可以采用叠合板，即先用预制混凝土板或预制预应力混凝土板铺在钢梁上，再以其为模板浇筑混凝土现浇层，待现浇层混凝土凝固后与预制混凝土板及钢梁形成组合楼盖。

预制钢筋混凝土板组合楼盖多用于高层钢结构旅馆和公寓建筑。

2.5.3 压型钢板组合楼盖

压型钢板组合楼盖以施工时先铺设在钢梁上的压型钢板作为工作平台和永久性模板，然后现浇混凝土，并将混凝土和压型钢板及钢梁三者通过剪力连接件组合在一起（图2-10），成为一个整体的承重结构。压型钢板组合楼盖不仅具有现浇钢筋混凝土楼盖的优点，而且压型钢板在施工阶段可以起模板和施工平台作用，使用阶段又可以像钢筋一样承受拉力作用，因而大大加快了施工进度，表现出良好的结构性能，综合经济效益显著。同时，压型钢板肋间的沟槽有利于管线的敷设和轻钢龙骨吊顶的连接，是目前在高层钢结构中应用最多的一种楼盖。

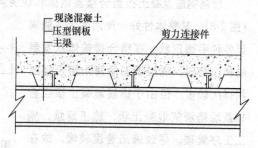

图2-10 压型钢板组合楼盖

Chapter 3 Masonrg stractwres

第 3 章   砌体结构

第3章   砌体结构

砌体结构是由砖、石或砌块等和砂浆砌筑而成的墙、柱作为建筑物主要的受力构件的结构，是砖砌体、砌块砌体和石砌体结构的总称。

砌体结构在我国有着悠久的历史，其中石砌体与砖砌体在我国更是源远流长，构成了我国独特文化体系的一部分。

考古资料表明，我国在原始社会末期就有大型石砌祭坛遗址。在辽宁西部的建平、凌源两县交界处还发现有女神庙遗址和数处积石大冢群，以及一座类似于城堡或广场的石砌围墙的遗址，这些遗址距今已有五千多年的历史。隋代（公元590—608年）李春所建造的河北赵县安济桥，是世界上现存最早、跨度最大的空腹式单孔圆弧石拱桥，桥长50.82m，净跨37.02m，拱圈矢高7.23m，桥宽9.6m，拱由28券并列组成，在大拱的两肩又各设两个小拱券，既减轻自重又可泄洪，设计合理，外形美观。无论在材料的使用上，结构受力上，还是在艺术造型和经济上，都达到了高度的成功。建于北宋（公元1053—1059年）的福建泉州万安桥，原长1200m，现长835m，公元1189年建的北京卢沟桥，长266.5m，至今仍在使用中。

我国生产和使用烧结砖的历史也有3000年以上。西周时期（公元前1134—前771年）已有烧制的黏土瓦，并出现了我国最早的铺地砖。战国时期出现了精制的大型空心砖。西汉时期（公元前206—公元8年）出现了空斗砌结的墙壁，以及用长砖砌成的角拱券顶、砖穹隆顶等。北魏时期（公元386—534年）出现了完全用砖砌成的塔，如河南登封的嵩岳寺塔，开封的"铁塔"（用异型琉璃砖砌成，呈褐色，俗称"铁塔"）。公元1368—1398年在南京灵谷寺和苏州开元寺中所建的无梁殿，都是古代应用砖砌筑穹拱结构的例子。

长城是举世最宏伟的土木工程，它始建于公元前7世纪春秋时期的楚国。秦代用乱石和土将原来秦、赵、燕国北面的城墙连接起来，长达五千多公里。明代又对万里长城进行了工程浩大的修筑，使长城蜿蜒起伏达六千多公里，其中部分城墙用精制的大块砖重修。长城是砌体结构的伟大杰作。

近半个世纪以来，砌体结构在我国得到了空前的发展，取得了显著的成就。其主要特点表现在：应用广泛，新材料、新技术和新结构不断被采用，计算理论和计算方法逐步完善。1952年统一了黏土砖的规格，使之标准化、模数化。在砌筑施工方面，创造了多种合理、快速的施工方法，既加快了工程进度，又保证了砌筑质量。

20世纪80年代以来，轻质、高强块材新品种的产量逐年增长，应用更趋普遍。从过去单一的烧结普通砖发展到采用承重黏土多孔砖和空心砖、混凝土空心砌块、轻骨料混凝土或加气混凝土砌块。非烧结硅酸盐砖、硅酸盐砖、粉煤灰砌块、灰砂砖以及其他工业废渣、煤矸石等制成的无熟料水泥煤渣混凝土砌块等。同时，还发展高强度砂浆，制定了各种块体和砂浆的强度等级，形成系列化产品，以便应用。

随着砌体结构的广泛应用，新型结构形式也有了较快的发展，过去单一的墙砌体承重结构已发展为大型墙板、内框架结构、底层框架结构、内浇外砌、挂板等。在大跨度的砌体结构方面，近代也有了新的发展，出现了以砖砌体建造屋面、楼面结构。20世纪五六十年代曾修建过一大批砖拱楼盖和屋盖，有双曲扁球形砖壳屋盖、双曲砖扁壳楼盖。还有采用带钩的空心砖建成的双曲扁壳屋盖，跨度达16m×16m。

目前国内住宅、办公楼等民用建筑中广泛采用砌体承重。5~6层高的房屋，采用以砖砌体承重的混合结构非常普遍，不少城市建到7~8层。重庆市20世纪70年代建成了高达12层的以砌体承重的住宅。在福建的泉州、厦门和其他一些产石地区，建成不少以毛石或料石作承重墙的房屋。某些产石地区毛石砌体作承重墙的房屋高达6层。

在工业厂房建筑中，通常用砌体砌筑围墙。对中、小型厂房和多层轻工业厂房，以及影剧院、食堂、仓库等建筑，也广泛地采用砌体作墙身或立柱的承重结构。

砌体结构还用于建造各种构筑物，如烟囱、小水池、料仓等。在水利工程方面，堤岸、坝身、水闸、围堰引水渠等，也较广泛地采用砌体结构。

3.1　砌体结构的优缺点

砌体结构在我国获得广泛的应用，是与这种建筑材料所具有的主要优点分不开的：

(1) 取材方便。 从块材而言，我国各种天然石材分布较广，易于开采和加工。土坯，蒸养灰砂砖块的砂，焙烧砖材的黏土，制造粉煤灰砖的工业废料均可就近取得。块材的生产工艺简单，易于生产。对于砂浆而言，石灰、水泥、砂子、黏土均可就近或就地取得。不仅在农村可以生产块材，在大中城市也可生产多种块材。

(2) 性能良好。 砌体结构具有良好的耐火性和较好的耐久性。在一般情况下，砌体可耐受400℃左右的高温。砌体的保温、隔热性能好，节能效果好。其抗腐蚀方面的性能也较好，受大气的影响小，完全满足预期耐久年限的要求。此外，砌体结构往往兼有承重与围护的双重功能。

(3) 节省材料。 采用砌体结构可节约木材、钢材和水泥，而且与水泥、钢材和木材等建筑材料相比，价格相对便宜，工程造价较低。

（4）**有利于建筑工业化。**当采用砌块和大型墙板作墙体时，可以减轻结构自重，加快施工进度，有利于工业化生产和施工。

砌体结构也存在着以下缺点：

（1）**强度低、延性差。**通常砌体的强度较低，因而墙、柱截面尺寸大，材料用量增多，自重加大，致使运输量加大，且在地震作用下引起的惯性力也增大，对抗震不利。由于砌体结构的抗拉、抗弯、抗剪等强度都较低，无筋砌体的抗震性能差，需要采用配筋砌体或构造柱改善结构的抗震性能。采用高强轻质的材料，可有效地减小构件截面和自重。

（2）**用工多。**砌体结构基本上采用手工作业的方式，一般民用的砖混结构住宅楼，砌筑工作量要占整个施工工作量的 25% 以上，砌筑劳动量大，工人十分辛苦。要发展大型砌块和振动砖墙板、混凝土空心墙板以及预制大型板材，通过采取工业化生产和机械化施工的方式，减少劳动量。

（3）**占地多。**目前黏土砖在砌体结构中应用的比例仍然很大。生产大量砖势必过多地耗用农田，影响农业生产，对生态环境平衡也很不利。要加大发展用工业废料和其他代替黏土的地方性材料生产砌块，以缓和并解决占用耕地的矛盾。

3.2 砌体结构的常用材料

（1）**结构材料**

砌体结构是由竖向承重墙体的砖砌体和水平承重构件楼板及屋盖的钢筋混凝土板组成。

1）砌体

砖砌体是用砂浆等胶结材料将砖块材组砌而成。砖块材的种类很多，目前常用的有烧结普通砖、蒸压粉煤灰砖、蒸压灰砂砖、烧结空心砖和烧结多孔砖。烧结普通砖在许多大中城市已逐步被禁止使用，烧结空心砖和烧结多孔砖目前在我国应用较广泛。

将砖砌体连成整体的胶结材料即砌筑砂浆，因抹平块体表面而使应力分布较均匀，同时砂浆填满块体间的缝隙，提高了砖砌体的保温性与抗冻性。常用的砌筑砂浆有水泥砂浆、石灰砂浆、混合砂浆。

水泥砂浆强度高、防潮性能好，主要用于受力和防潮要求高的墙体中；石灰砂浆强度和防潮性均差，但和易性好，用于强度要求低的墙体；混合砂浆有一定的强度，和易性也好，使用比较广泛。

2）楼板

楼板为钢筋混凝土梁板体系。按其施工方式不同，有现浇整体式、预制装配式和装配整体式三种。

(2) 力学特性

1) 砌体和砂浆的强度等级

砌体和砂浆的强度等级符号分别以"Mu"和"M"表示，单位为 MPa（N/mm²）。按照《砌体结构设计规范》GB 50003—2011，烧结砖根据试验所得的抗压强度指标分为五个强度等级：Mu30、Mu25、Mu20、Mu15 和 Mu10。其抗压强度分别近似为 30、25、20、15、10N/mm²。

砂浆的强度等级确定是以龄期 28 天的砂浆立方体试块（每边长 70.7mm）的抗压极限强度指标为依据的。常用普通砂浆分为五个强度等级：M15、M10、M7.5、M5 和 M2.5；其抗压强度分别为 15、10、7.5、5、2.5N/mm²。

由砖块材和砂浆组成的砖砌体的受力特点是：抗压能力较好而抗拉能力很低。因此，设计时合理选择砖块的强度和尺寸及砂浆的强度等级有利于提高砖砌体的抗压强度。另外，砌筑质量的好坏也影响砖砌体的抗压强度。

2) 砌体的抗压强度

砖砌体的抗压强度是由标准试件（370mm × 490mm × 970mm）经过轴心抗压试验得到的。由于每一次试验得到的抗压强度都只是一个随机值，所以必须用大量的试件，经过数理统计分析，才能得到工程设计中所采用的抗压强度标准值 f_k。这样得到的不同强度等级的砖砌体抗压强度标准值 f_k 都具有 95%保证率。

各种强度等级砖和砂浆的砌体抗压强度设计值见表 3-1。

烧结普通砖砌体和烧结多孔砖砌体的抗压强度设计值（MPa）　表 3-1

砖强度等级	砂浆强度等级					砂浆强度
	M15	M10	M7.5	M5	M2.5	
Mu30	3.95	3.27	2.93	2.59	2.26	1.15
Mu25	3.60	2.98	2.68	2.37	2.06	1.05
Mu20	3.22	2.67	2.39	2.12	1.84	0.94
Mu15	2.79	2.31	2.07	1.83	1.60	0.82
Mu10	—	1.89	1.69	1.50	1.30	0.67

3.3　砌体结构的墙体布置方案及结构选型要点

3.3.1　砌体结构的墙体布置

按墙体的承重体系，其平面布置有下列几种方案：

(1) 横墙承重方案

横墙承重方案是由横墙直接承受屋面和楼面荷载的结构布置方案。如图 3-1所示为某宿舍二层结构平面布置图，楼面荷载主要由横墙承受，属横墙承重房屋。

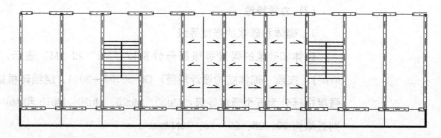

图 3-1 某宿舍二层结构平面布置图

横墙承重方案房屋中，荷载的主要传递路线为：

屋（楼）面荷载→横墙→基础→地基

横墙承重方案的受力特点是：主要靠横墙支承楼板，横墙是主要承重墙，纵墙主要起围护、隔断、与横墙拉结成整体的作用，横墙较密，房屋的横向刚度大，故整体性好；由于外纵墙不是承重墙，故外纵墙立面处理比较方便，可以开设较大的门窗洞。其缺点是横墙间距很密，房间布置灵活性差，故多用于宿舍、住宅等居住建筑。

（2）纵墙承重方案

纵墙承重方案是由纵墙直接承受屋面、楼面荷载的结构布置方案。图 3-2 所示为某建筑结构平面布置图，楼面荷载主要由楼板传给纵墙。其荷载的主要传递路线为：

屋（楼）面荷载→纵墙→基础→地基

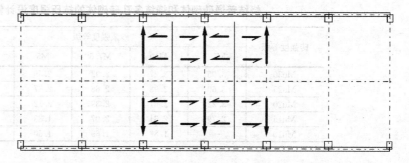

图 3-2 某建筑结构平面布置图

纵墙承重方案的受力特点是：板荷载传给梁，由梁传给纵墙。或板荷载直接传递给纵墙。纵墙是主要承重墙，横墙只承受小部分荷载，横墙的设置主要为了满足房间刚度和整体性的需要，它的间距较大，有利于室内空间灵活布置，但在纵墙上开设门窗洞口时，洞口的大小、位置和数量会有所限制。其缺点是房屋的刚度较差，纵墙受力集中，纵墙较厚或要加壁柱。这种方案适用于使用上要求有较大空间房屋。如教学楼、实验楼、办公楼、医院等。

（3）纵横墙承重方案

纵横墙承重方案是由纵墙和横墙共同承受屋面、楼面荷载的结构布置方案。

图 3-3 所示为某多层公寓标准平面图，屋（楼）面荷载一部分由纵墙承重，另一部分由横墙承重，故成为纵横墙承重方案房屋。其荷载的主要传递路线为：

屋（楼）面荷载→纵、横墙→基础→地基

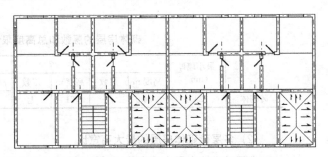

图 3-3 某多层公寓标准层平面图

这种方案的优点是：建筑平面布置比较灵活，既可使室内有较大空间，也可有较强的空间刚度，结构整体性好。

（4）部分框架承重方案

结构布置时仅以外墙或部分内墙体作为承重墙，内部设柱或部分设柱与楼盖主梁构成钢筋混凝土框架，形成部分框架承重方案。如图 3-4 所示某三层仓库结构平面图为例。荷载在部分框架承重方案房屋中的传递路线为：

$$
屋（楼）面荷载
\begin{cases}
（梁）→ 外墙 \\
梁 → 框架柱
\end{cases}
→ 基础 → 地基
$$

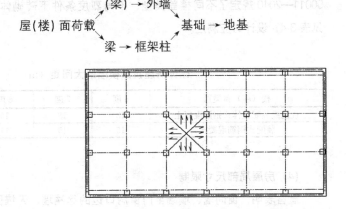

图 3-4 某三层仓库结构平面图

其特点是房间开间大，平面布置灵活，易满足使用要求；由于横墙少，房屋的空间刚度和整体性差。这种方案适用于教学楼、医院、商店等建筑。

3.3.2 砌体结构选型要点

砌体结构房屋因限于砌体材料本身的延性差，加上结构整体性能较差，设计时除了应用计算理论对结构进行承载力验算外，还应对房屋体型、平面布置、结构形式等进行合理的选择，并满足以下要求：

(1) 多层房屋的层数和高度

《砌体结构设计规范》GB 50003—2011 对砖混结构房屋在不同抗震设防烈度区内的层数和高度作了明确的规定，如表 3-2 所示。

砌体房屋的层数和总高度限值 表 3-2

最小墙厚(mm)	6		7		8		9	
	高度 m	层数	高度 m	层数	高度 m	层数	高度 m	层数
砖砌体	240	24	八	21	七	18	六	12	四

(2) 多层砖砌体房屋的最大高宽比

多层砖砌体房屋在确定体型时其高宽比应符合最大高宽比的规定（表 3-3）。

砖砌体房屋最大高宽比 表 3-3

烈度	6	7	8	9
最大高宽比	2.5	2.5	2.0	1.5

(3) 抗震横墙的最大间距

为了保证多层砌体房屋在地震作用下的安全，《建筑抗震设计规范》GB 50011—2010 规定了不同楼盖类型、不同烈度条件下砖砌体房屋横墙最大间距，见表 3-4，设计时应满足。

砌体房屋抗震横墙最大间距（m） 表 3-4

楼（屋）盖类别	6 度	7 度	8 度	9 度
现浇或装配整体式钢筋混凝土	18	18	15	11
装配式钢筋混凝土	15	15	11	7

(4) 房屋局部尺寸限制

震害表明，窗间墙、墙端至门窗洞口边的尽端墙、无锚固的女儿墙等都是抗震的薄弱部位。《建筑抗震设计规范》GB 50011—2010 规定了砖砌体墙段局部尺寸限值，见表 3-5。

砌体房屋的局部尺寸限制（m） 表 3-5

部 位	烈度			
	6	7	8	9
承重窗间墙最小宽度	1.0	1.0	1.2	1.5
承重外墙尽端至门窗洞边的最小距离	1.0	1.0	1.2	1.5
自承重外墙尽端至门窗洞边的最小距离	1.0	1.0	1.0	1.0
内墙阳角至门窗洞边的最小距离	1.0	1.0	1.5	2.0
无锚固女儿墙（非出入口）的最大高度	0.5	0.5	0.5	0

(5) 多层砌体房屋结构体系选择

一般当纵墙承重时，横墙必然较少，而抗侧力主要靠横墙来承担，因此，与横墙承重结构体系相比，纵墙承重结构体系地震时易遭破坏。由此可见，多层砌体房屋宜优先采用横墙或纵、横墙混合承重的结构布置方案；纵、横墙的布置应均匀对称，沿平面宜对齐，沿竖向上下连续，同一轴线上的窗间墙宜均匀。

(6) 合理设置防震缝

凡体型复杂、高低互相交错的部分，震害都较严重。因此，当烈度为 8 度和 9 度，且有下列情况之一时，宜设置防震缝，缝的两侧应设置墙体。

① 房屋的立面高差在 6m 以上；

② 房屋有错层，且楼板高差较大；

③ 各部分结构刚度、质量截然不同。

防震缝应沿房屋全高设置，两侧应布置抗震墙，基础可不设防震缝。防震缝宽度不宜过窄，以免发生垂直于缝方向的振动时，由于两部分振动周期不同，互相碰撞而加剧破坏。按房屋高度和设防烈度不同，缝宽一般取 50～100mm。当房屋中设有沉降缝或伸缩缝时，沉降缝和伸缩缝也应符合防震缝的要求。

(7) 加强房屋整体性的构造设计

1) 钢筋混凝土构造柱

钢筋混凝土构造柱是唐山大地震以来在砌体房屋结构上采用的一项重要构造措施。它是指在房屋内外墙或纵横墙交接处设置的竖向钢筋混凝土构件，其构造如图 3-5 所示。

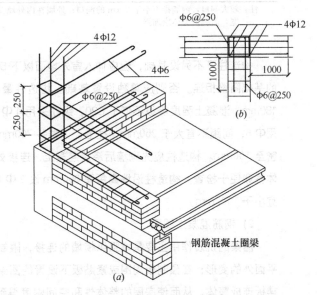

图 3-5 钢筋混凝土构造柱

近年来的震害调查表明，无论在已有房屋加固或新建房屋中所设置的钢筋混凝土构造柱，都起到了约束墙体的变形、加强结构的整体性以及良好的抗倒塌作用。近年来的试验研究表明，在砖砌体交接处设置钢筋混凝土构造柱后，墙体的刚度增大不多，而抗剪能力可提高 10%～20%，变形能力可大大增大，延性可提高 3～4 倍。当墙体周边设有钢筋混凝土圈梁和构造柱时，在墙体达到破坏的极限状态下，由于钢筋混凝土构造柱的约束，使破碎的墙体中的碎块不易散落，从而能保持一定的承载力，以支承楼盖而不至发生突然倒塌。

由此可见，在墙体中设置钢筋混凝土构造柱对提高砌体房屋的抗震能力有着重要的作用。根据上述震害调查和试验结果，《建筑抗震设计规范》GB 50011—2010 对钢筋混凝土构造柱的设置和构造要求作了如表 3-6 的规定。

砌体结构构造柱设置要求　　　　　　　　表 3-6

房屋层数				设置部位	
6 度	7 度	8 度	9 度		
四、五	三、四	二、三		楼、电梯间四角，楼梯斜梯段上下端对应的墙体处；外墙四角和对应转角；错层部位横墙与外纵墙交接处；大房间内外墙交接处；较大洞口两侧	隔 12m 或单元横墙与外纵墙交接处；楼梯间对应的另一侧内横墙与外纵墙交接处
六	五	四	二		隔开间横墙（轴线）与外墙交接处；山墙与内纵墙交接处
七	≥六	≥五	≥三		内墙（轴线）与外墙交接处；内墙的局部较小墙垛处；内纵墙与横墙（轴线）交接处

注：较大洞口，内墙指不小于 2.1m 的洞口；外墙在内外墙交接处已设置构造柱时应允许适当放宽，但洞侧墙体应加强。

构造柱可不另设基础，但应伸入室外地面以下 500mm，或与埋深小于 500mm 的基础圈梁相连。否则应单独设置基础。构造柱最小截面尺寸可采用 240mm×180mm，混凝土强度等级不低于 C20，纵筋采用 4Φ12（角柱用 4Φ14），箍筋采用Φ6，间距不宜大于 250mm，柱上、下端各 700mm、600mm 范围内箍筋间距加密至 100mm。构造柱应先砌墙后浇筑混凝土，连接处应砌成大马牙槎以便加强整体性和便于检查。构造柱沿墙高每隔 500mm 设 2Φ6 拉结钢筋，每边伸入墙内不宜小于 1000mm。

2）钢筋混凝土圈梁

圈梁的抗震作用主要是增强纵横墙的连接，限制墙体尤其是外纵墙和山墙在平面外的变形；在预制板周围或紧贴板下设置的圈梁还可以在水平面内将装配式楼板连成整体，从而使房屋的整体性和空间刚度得到加强。另外，圈梁与构造柱整体连接形成约束框架，共同发挥对结构的约束作用。

圈梁设置的位置、间距与地震烈度、楼（屋）盖类型以及承重墙体布置有关。装配式钢筋混凝土或木楼（屋）盖多层砖房当为横墙承重时应按表 3-7 的要求设置圈梁；当为纵墙承重时每层均应设置圈梁，且抗震横墙上的圈梁间距应比表 3-7 要求适当加密；现浇或装配整体式钢筋混凝土楼（屋）盖与墙体有可靠连接时，房屋可不另设圈梁，但楼板应与构造柱有可靠的连接。

砌体结构现浇钢筋混凝土圈梁设置要求　　　　　　表 3-7

墙类	烈度		
	6、7	8	9
外墙和内纵墙	屋盖处及每层楼盖处	屋盖处及每层楼盖处	屋盖处及每层楼盖处
内横墙	同上； 屋盖处间距不应大于 4.5m； 楼盖处间距不应大于 7.2m； 构造柱对应部位	同上； 各层所有横墙，且间距不应大于 4.5m； 构造柱对应部位	同上； 各层所有横墙

圈梁在平面上应封闭，当遇有洞口被切断时应上下搭接。圈梁宜与预制板设置在同一标高处或紧靠板底。圈梁如在表 3-7 所要求的间距内无横墙时，应利用梁或在板缝中设置配筋板带替代圈梁。

3）墙体间的拉结

当未设构造柱时，对于地震设防烈度为 7 度且层高超过 3.6m，或长度大于 7.2m 的大房间的外墙转角及内外墙交接处，以及对于地震设防烈度为 8、9 度的房屋外墙转角及内外墙交接处，均应沿墙高每隔 500mm 配置 2Φ6 拉结钢筋，并伸入墙内不宜小于 1m。

后砌的非承重隔墙应沿墙高每隔 500mm 配置 2Φ6 拉结钢筋与承重墙或柱连接，每边伸入墙内不小于 500mm。当设防烈度为 8、9 度时，长度大于 5.1m 的后砌非承重砌体隔墙的墙顶尚应与楼板或梁拉结。

Chapter 4 High-rise building structures

第 4 章　高层房屋结构体系

第4章　高层房屋结构体系

目前，多层房屋常采用砌体结构和钢筋混凝土框架结构，而高层建筑常采用钢筋混凝土结构、钢结构、钢—钢筋混凝土组合结构。由于钢结构造价较高，我国中高层建筑多采用钢筋混凝土结构。

4.1　高层建筑结构概述

4.1.1　高层建筑结构特点

高层建筑是随着社会的发展和人民生活的需要而发展起来的，是城市人口快速增长的产物，是现代城市的重要标志。关于多层与高层建筑的界限，各国有着不同的标准。我国规范根据是否设电梯、建筑物的防火等级等因素，将10层及10层以上或房屋高度大于28m的住宅建筑以及建筑高度大于24m的其他高层民用建筑定义为高层建筑，2~6层的住宅建筑和高度不大于24m的其他民用建筑定义为多层建筑，建筑物高度超过100m为超高层建筑。

高层房屋结构体系包括水平结构体系（楼、屋盖系统）和竖向结构体系（墙、柱）。其中水平结构体系中的楼（屋）盖结构承受、传递竖向荷载给竖向构件，并作为刚性楼盖利用其平面内的无限刚度协调各抗侧构件的变形和位移。竖向构件承受并传递竖向荷载。竖向结构体系的墙、柱与水平结构体系中的梁板共同组成房屋的抗侧空间结构，共同抵抗侧向力作用。对高层建筑结构设计而言其特点有别于多层建筑结构：

(1) **水平荷载为决定性因素**。建筑物自重和楼面使用荷载在竖向构件中所引起的轴力和弯矩的数值，仅与建筑物高度呈线性关系；而水平荷载对结构产生的倾覆力矩，以及由此在竖向构件中引起的轴力，是与建筑物高度的二次方成正比。另外，对某一定高度建筑物而言，竖向荷载大体上是定值，而作为水平荷载的风荷载和地震作用，其数值是随结构动力特性的不同而有较大幅度的变化。

(2) **轴向变形不容忽视**。在高层建筑中，若竖向荷载数值很大，会在柱中引起较大的轴向变形，从而对连续梁弯矩产生影响，造成连续梁中间支座处的负弯矩值减小，跨中正弯矩和端支座负弯矩值增大；还会对预制构件的下料长度产生影响，这时要求根据轴向变形计算值，对下料长度进行调整；另外对构件剪力和侧移产生影响。

（3）侧移成为控制指标。与较低楼房不同，结构侧移已成为高楼结构设计中的关键因素。随着楼房高度的增加，水平荷载下结构的侧移变形迅速增大，因而结构在水平荷载作用下的侧移应被控制在某一限度之内。

（4）结构延性是重要设计指标。相对于较低楼房而言，高楼结构更柔一些，在地震作用下的变形更大一些。为了使结构在进入塑性变形阶段后仍具有较强的变形能力，避免倒塌，特别需要在构造上采取恰当的措施，来保证结构具有足够的延性。

4.1.2　高层建筑常用结构体系

结构体系是指结构抵抗外部作用的结构构件的组成方式，多层及高层房屋结构体系的选择，不仅要考虑建筑使用功能的要求，更主要的是取决于建筑物的高度。目前，高层建筑最常用的结构体系有：框架结构体系、剪力墙结构体系、框架—剪力墙结构体系和筒体结构体系等，在本章后面的小节具体展开。

4.1.3　高层房屋结构设计的一般原则

在高层建筑中，除了要根据结构高度和使用要求选择合理的结构体系外，还应重视结构的选型和构造，择优选用抗震及抗风性能好而且经济合理的结构体系和平、立面布置方案。在构造上应加强连接。

（1）结构平面布置

在高层建筑中，水平荷载往往起着控制作用。从抗风的角度看，具有圆形、椭圆形等流线型周边的建筑物受到的风荷载较小；从抗震角度看，平面对称、结构侧向刚度均匀、平面长宽比接近，则抗震性能较好，所以地震区的建筑宜采用规则结构：

1）房屋的平面布置力求简单、对称，如有局部突出，则突出部分的长度（b）不大于其宽度（l），且不大于该方向总长的30%，如图4-1所示。

2）平面长宽比不宜过大，L/B 一般宜小于6，以避免两端相距太远，震动不同步由于复杂的震动形态而使结构受到损害。长矩形平面尺寸一般在 70～80m 以内。

3）房屋平面内质量分布和抗侧力构件的布置基本均匀，尽量使抗侧力刚度中心与水平荷载合力中心重合，减少偏心距 e 值，当 e 值过大时，要考虑扭转对结构的不利影响。

4）建筑平面不宜采用重叠或细腰形平面布置，在中央部位形成狭窄部分地震时，应力容易集中使楼板开裂、破坏，不宜采用。如采用这些部位应采取加大楼板厚度、增加板内配筋、设置边梁等措施予以加强。

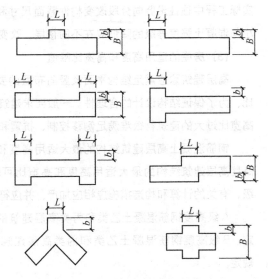

图 4-1 规则结构的平面形状图

$$b/L \leqslant 1 \quad b/B \leqslant 0.3$$

5) 结构单元两端或拐角处应尽量避免设置楼梯、电梯间,否则应采取加强措施。

(2) 结构竖向布置

高层建筑结构的竖向体型宜规则、均匀,避免有过大的外挑和内收。结构的侧向刚度宜下大上小,逐渐均匀变化,不应采用竖向布置严重不规则的结构。结构竖向布置应刚度均匀而连续,避免由于刚度突变而形成薄弱层。在地震区的高层建筑的立面宜采用矩形、梯形、金字塔形等均匀变化的几何形状。

当上部楼层收进部位到室外地面的高度 H_1 与房屋高度 H 之比大于 0.2 时,上部楼层收进的水平尺寸 B_1,不宜小于下部楼层水平尺寸 B 的 0.75 倍(图 4-2a、b)。

当上部结构楼层相对于下部楼层外挑时,下部楼层的水平尺寸 B 不宜小于上部楼层水平尺寸 B_1 的 0.9 倍,且水平外挑尺寸 a 不宜大于 4m(图 4-2c、d)。

高层建筑结构的竖向抗侧移刚度的分布宜从下而上逐渐减小,不宜突变,楼层刚度不小于其相邻上层刚度的 70%,且连续三层总的刚度降低不超过 50%。在

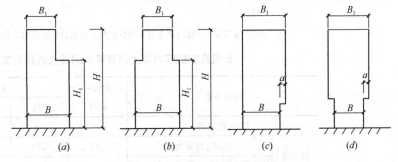

图 4-2 结构竖向收进和外挑示意图

实际工程中往往沿竖向分段改变构件截面尺寸和混凝土强度等级，截面尺寸的减小与混凝土强度等级的降低应在不同楼层，改变次数也不宜太多。

(3) 房屋的适用高度和高宽比限值

高层建筑除应满足结构平面及竖向布置的要求外，还应控制房屋结构的高宽比，为了保证结构设计的合理性。一般要求建筑物的总高度与宽度之比不宜过大，高宽比过大的建筑物很难满足侧移控制、抗震和整体稳定性的要求。

钢筋混凝土高层建筑结构的最大适用高度和高宽比应分为 A 级和 B 级。B 级高度高层建筑结构的最大适用高度和高宽比可较 A 级适当放宽，其结构抗震等级、有关的计算和构造措施应相应加严，并应符合规范有关条文的规定。

A 级高度钢筋混凝土乙类和丙类高层建筑的最大适用高度应符合表 4-1 的规定。B 级高度钢筋混凝土乙类和丙类高层建筑的最大适用高度应符合表 4-2 的规定。

A 级高度钢筋混凝土高层建筑的最大适用高度（m）　　　　表 4-1

结构体系		非抗震设计	抗震设防烈度			
			6 度	7 度	8 度	9 度
框架		70	60	55	45	25
框架-剪力墙		140	130	120	100	50
剪力墙	全部落地剪力墙	150	140	120	100	60
	部分框支剪力墙	130	120	100	80	不应采用
筒体	框架—核心筒	160	150	130	100	70
	筒中筒	200	180	150	120	80
	板柱—剪力墙	70	40	35	30	不应采用

注：1. 房屋高度指室外地面至主要屋面高度，不包括局部突出屋面的电梯机房、水箱、构架等高度；

　　2. 表中框架不含异形柱框架结构；

　　3. 部分框支剪力墙结构指地面以上有部分框支剪力墙的剪力墙结构；

　　4. 平面和竖向不规则的结构或Ⅳ类场地上的结构，最大适用高度应适当降低；

　　5. 甲类建筑，6、7、8 度时宜按本地区抗震设防烈度提高一度后符合本表的要求，9 度时应专门研究；

　　6. 9 度抗震设防、房屋高度超过本表数值时，结构设计应有可靠依据，并采取有效措施。

B 级高度钢筋混凝土高层建筑的最大适用高度（m）　　　　表 4-2

结构体系		非抗震设计	抗震设防烈度		
			6 度	7 度	8 度
框架-抗震墙		170	160	140	120
剪力墙	全部落地剪力墙	180	170	150	130
	部分框支剪力墙	150	140	120	100

	结构体系	非抗震设计	抗震设防烈度		
			6度	7度	8度
简体	框架-核心筒	220	210	180	140
	简中简	300	280	230	170

注: 1. 房屋高度指室外地面至主要屋面高度, 不包括局部突出屋面的电梯机房、水箱、构架等高度;

2. 部分框支剪力墙结构指地面以上有部分框支剪力墙的剪力墙结构;

3. 平面和竖向不规则的结构或Ⅳ类场地上的结构, 表中数值应适当降低;

4. 甲类建筑, 6、7度时宜按本地区抗震设防烈度提高一度后符合本表的要求, 8度时应专门研究;

5. 当房屋高度超过本表数值时, 结构设计应有可靠依据, 并采取有效措施。

A 级高度钢筋混凝土高层建筑结构的高宽比不宜超过表 4-3 的数值; B 级高度钢筋混凝土高层建筑结构的高宽比不宜超过表 4-4 的数值。

A 级高度钢筋混凝土高层建筑适用的最大高宽比 表 4-3

结构体系	非抗震设计	抗震设防烈度		
		6、7度	8度	9度
框架、板柱-剪力墙	5	4	3	2
框架-剪力墙	5	5	4	3
剪力墙	6	6	5	4
简中简、框架—核心筒	6	6	5	4

B 级高度钢筋混凝土高层建筑适用的最大高宽比 表 4-4

非抗震设计	抗震设防烈度	
	6、7度	8度
8	7	6

(4) 变形缝

在高层建筑中, 由于变形缝的设置会给建筑设计带来一系列的困难, 如屋面防水处理、地下室渗漏、立面效果处理等, 因而在设计中宜通过调整平面形状和尺寸, 采取相应的构造和施工措施, 尽量少设缝或不设缝。当建筑物平面形状复杂而又无法调整其平面形状和结构布置使之成为较规则的结构时, 宜通过变形缝将结构划分为较为简单的几个独立结构单元。

1) 伸缩缝

当高层建筑物的长度超过规定限值, 又未采取可靠的构造措施或施工措施时, 其伸缩缝间距不宜超过表 4-5 的限值。

结构类型	施工方法	最大间距 (m)	结构类型	施工方法	大间距 (m)
框架架构	现浇	55	剪力墙结构	现浇	45

当屋面无隔热层或保温层措施时，或位于气候干燥地区、夏季炎热且暴雨频繁地区的结构，可适当减小伸缩缝的间距。

当采取下列构造或施工措施时，伸缩缝间距可适当增大：

① 在顶层、底层、山墙和纵墙端开间等温度影响较大的部位提高配筋率；

② 顶层加强保温隔热措施或采用架空通风屋面；

③ 顶部楼层改为刚度较小的结构形式或顶部设局部温度缝，将结构划分为长度较短的区段；

④ 每 30~40m 设 800~1000mm 宽的后浇带。

2）沉降缝

当建筑物出现下列情况，可能造成较大的沉降差异时，宜设置沉降缝：①建筑物存在有较大的荷载差异、高度差异处；②地基土层的压缩性有显著变化处；③上部结构类型和结构体系不同，其相邻交接处；④基底标高相差过大，基础类型或基础处理不一致。

由于沉降缝的设置常常使基础构造复杂，特别使地下室的防水十分困难。因此，当采取以下措施后，主楼与裙房之间可以不设沉降缝：①采用桩基，或采取减少沉降的有效措施并经计算，沉降差在允许范围内；②当主楼与裙楼采用不同的基础形式，先施工主楼后施工裙房，通过调整土压力使后期沉降基本接近；③当沉降计算较为可靠时，将主楼与裙房的标高预留沉降差，使最后两者标高基本一致；④把主楼与裙房放在一个刚度很大的整体基础上，或从主楼结构基础上悬挑出裙房基础等。

3）防震缝

当房屋平面复杂、不对称或房屋各部分刚度、高度、重量相差悬殊时，应设置防震缝。防震缝将房屋划分为简单规则的形状，使每一部分成为独立的抗震单元，使其在地震作用下互不影响。设置防震缝时，一定要留有足够的宽度，以防止地震时缝两侧的独立单元发生碰撞，防震缝的最小宽度宜满足规范要求。

沉降缝必须从基础分开，而伸缩缝和防震缝处的基础可以连在一起。在地震区，伸缩缝和沉降缝的宽度均应符合防震缝的宽度和构造要求。

在高层建筑结构中，房屋平面应力求简单、规则，尽量少设缝或不设缝，例如正方形、矩形、圆形和椭圆形等都是良好的平面形状。复杂的外形平面，易使房屋楼面的水平力合力中心与刚度中心偏离，使建筑结构产生扭转效应，并在平面变化转折处产生应力集中。当结构单元长度过大时，将产生较大的温度应力，并且在地震作用下，由于地基各点运动的不一致而引起上部结构的不利反应。当建筑物平面较长，或平面复杂、不对称，或各部分刚度、高度、重量相差悬殊时，设置变形缝是必要的。图 4-3 为北京民航大楼的变形缝设置。

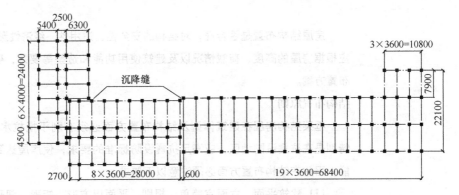

图 4-3　北京民航办公大楼框架结构柱网布置

4.2　框架结构

4.2.1　框架结构的特点

框架结构是由梁和柱刚性连接的骨架结构。国外多采用钢为框架材料，国内主要为钢筋混凝土框架。框架既作为竖向承重结构，同时又承受水平荷载。现浇框架的梁与柱节点连接处一般为刚性连接，框架柱与基础通常为刚接。

框架梁和框架柱是框架结构的主要承重构件。为使框架结构具有良好的受力性能，框架梁宜拉通、对直，框架柱宜上下对中，梁柱轴线宜在同一竖向平面内。框架结构的墙体一般不承重，只起分割和围护作用，在框架主体施工完成后砌筑而成。框架填充墙通常采用较轻质的材料，以减轻房屋的重量，减少地震作用。填充墙与框架梁、柱应采取必要的连接构造，以增加墙体的整体性和抗震性。

框架结构的优点是：强度高、自重轻、整体性和抗震性能好，建筑平面布置灵活，可以获得较大的使用空间，使用方便，适用于多层工业厂房以及民用建筑中的公共建筑和旅馆建筑，其缺点是构件截面尺寸小，抗侧移刚度较小，当房屋层数过多时，会产生过大侧移，且在水平荷载作用下位移较大，抗震性能不强，一般多用于多层建筑。

因这种结构是由梁和柱通过节点连接而成的结构形式，梁柱连接处的节点可为刚性连接，也可为铰接连接，故形成两种类型的结构体系：框架结构体系、排架结构体系。排架结构体多用于低层建筑。

4.2.2 框架结构的布置

房屋结构布置是否合理，对结构的安全性、适用性、经济性影响很大。因此，应根据房屋的高度、荷载情况以及建筑使用功能和造型等要求，确定合理的结构布置方案。

4.2.2.1 结构布置原则

框架结构房屋在建筑体型及结构布置方面必须有利于抵抗水平和竖向荷载，特别是在抗震设防地区，应满足抗震设防标准的要求，使房屋达到最好的工作性能。因此在结构布置方面必须注意以下要求：

(1) 建筑平面、立面宜简单、规则。平面以方形、矩形、圆形为最好，正六边形、椭圆形、扇形也较好，如图 4-4 所示。这些平面形状简单、规则，有利于结构抗震。但为了满足城市规划街景、建筑造型及使用功能的要求，也常采用 L 形、T 形、十字形、U 形、Y 形等，在体形突变之处受力复杂，会出现变形和应力集中，破坏较严重。因此对上述平面形状的局部尺寸要加以限制，设计时应满足其要求。立面宜采用矩形、梯形、三角形、对称台阶形等均匀变化的规则体型，也应尽量避免缩进和挑出的立面突变。

(2) 结构的刚度平面布置宜均匀对称、上下宜均匀连续；房屋的竖向布置应使结构刚度沿高度分布比较均匀，避免结构刚度突变。同一结构单元宜将框架梁设置在同一标高处，尽可能不采用复式框架，避免出现错层和夹层，造成短柱破坏。

(3) 当建筑物平面较长，或平面复杂、不对称，或各部分刚度、高度、重量相差悬殊时，应设置必要的变形缝。

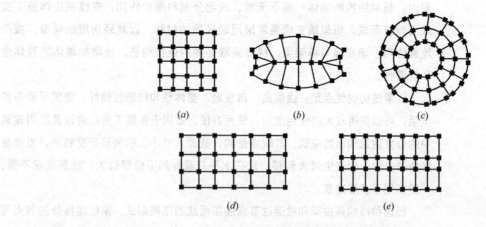

(a)　　　　*(b)*　　　　*(c)*

(d)　　　　*(e)*

图 4-4　框架结构的平面形式

(4) 楼、电梯间不宜布置在结构单元的两端和凹角部。

4.2.2.2　**柱网布置**

柱网是竖向承重构件的定位轴线在平面上所形成的网格，是框架结构平面的"脉络"。框架结构的柱网布置既要满足建筑平面和生产工艺的功能要求，又要使结构受力合理，构件种类少，施工方便，此外，柱网布置应力求做到简单、规则、整齐，避免凹凸曲折和高低错落，另外，柱网尺寸应符合经济原则并尽量符合建筑模数。

(1) 多层厂房的柱网布置

多层工业厂房的柱网布置主要是根据生产工艺要求而确定。柱网的布置方式主要有内廊式和跨度组合式两类，如图 4-5 所示。内廊式柱网有较好的生产环境，工艺互不干扰，一般为对称三跨，边跨跨度一般采用 6m、6.6m 和 6.9m，中间走廊跨度常为 2.4m、2.7m 和 3.0m 三种，开间方向柱距为 3.6～7.2m。跨度组合式柱网适用于生产要求有较大空间，便于布置生产流水线，随着轻质材料的发展，内廊式有被跨度组合式所代替的趋势。跨度组合式柱网常采用跨度为 6.0m、7.5m、9.0m 和 12.0m 四种，柱距常采用 6m。

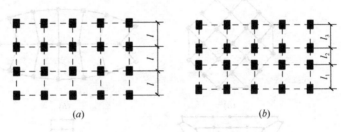

图 4-5　框架结构柱网布置

(a) 等跨式；(b) 内廊式

(2) 民用房屋的柱网布置

在民用建筑中，柱网布置应满足建筑平面的功能要求，框架结构平面一般多采用等跨式和内廊式方案。内廊式一般适用于教学楼、办公楼、医院和宾馆等需要有公共走廊的建筑中。内廊式的边跨 l_1 通常取 6～7m，内廊式跨度 l_2 通常取 2.4～3m。如旅馆的布置采用如图 4-6 所示的两种方式；办公楼建筑可采用图 4-7 所示的布置方式，当房间进深较小时，可取消一排柱子，布置为两跨框架（图 4-7b）。

(3) 其他平面形状的柱网布置

除了规整柱网外，随着建筑设计和基地要求等变化，还有如图 4-8 所示的常见框架柱网布置。

(4) 柱网布置要使结构受力合理

多层框架主要承受竖向荷载。柱网布置时，应考虑到结构在竖向荷载作用下内力分布均匀合理，各构件材料强度能充分利用。框架距一般可取建筑开间，如图 4-9 (a) 所示，但当开间较少，层数又少时，柱截面的材料强度不能充分利用，同时过小的柱距也使建筑平面难以灵活布置，为此可考虑柱距为原来的两个开间，如图 4-9 (b) 所示。

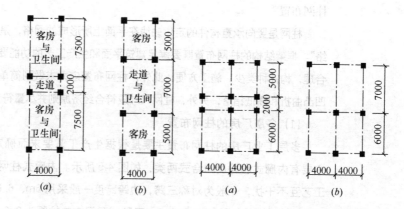

图 4-6 酒店的结构平面

(a) 内廊式；(b) 等跨式

图 4-7 办公楼的结构平面

(a) 内廊式；(b) 等跨式

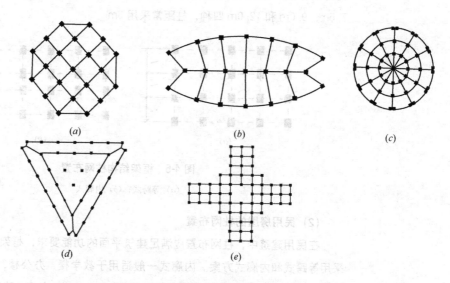

图 4-8 其他结构平面形式

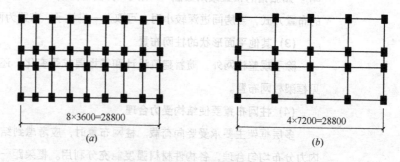

图 4-9 选择结构受力合理的柱距

(5) 框架结构应设计成双向梁柱抗侧力体系

按框架按楼板的承重方式不同，框架的结构布置方案有横向框架承重、纵向框架承重和纵横向框架双向承重等几种（图4-10）。但从抗震和抗风角度而言，无论何种承重方案，框架均为抗侧力结构，因此均应设计为刚接框架结构并保持尽可能多次超静定，特别是在抗震设计中，由于纵向地震作用与横向地震作用大致相当，因此双向框架梁必须按抗震设计。主体结构除个别部位外，不应采用铰接。对有抗震设防要求的框架结构，纵向和横向均应设计为刚接框架，使之成为双向抗侧力体系。

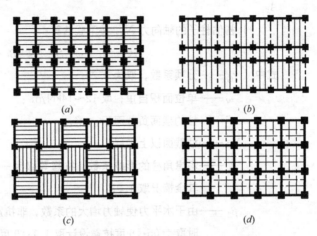

图 4-10　框架结构布置方案

(*a*) 横向承重方案；(*b*) 纵向承重方案；(*c*)、(*d*) 纵横向承重方案

4.2.3　框架结构构件截面尺寸

4.2.3.1　框架梁截面尺寸

框架梁的截面形状常采用矩形、T形等，设计者根据建筑功能和结构形式确定梁截面形式。确定梁截面尺寸主要是要满足竖向荷载下的刚度要求。

主要承重框架梁按"主梁"估算截面，梁高为：$h_b = \left(\frac{1}{12} \sim \frac{1}{8}\right)l_b$，$l_b$——框架梁计算跨度。

非主要承重框架梁可按"次梁"要求选择截面，梁高为：$h_b = \left(\frac{1}{20} \sim \frac{1}{12}\right)l_b$

当梁上有较大设备荷载时，h_b还可以加大，但不宜大于净跨的$\frac{1}{4}$。

框架梁宽：$b_b = \left(\frac{1}{3} \sim \frac{1}{2}\right)h_b$

在一般荷载作用下，当满足上述要求时，可不验算梁挠度。

4.2.3.2　框架柱截面尺寸

框架柱的截面形状常采用矩形、正方形、圆形等，柱截面尺寸应考虑以下要求：

(1) 柱子截面宽度 b_c 和 h_c 应大于柱计算长度 (l_0) 的 $\frac{1}{25}$，一般可取

$\left(\frac{1}{12} \sim \frac{1}{6}\right)h$，$h$——层高。

（2）框架柱截面不能太小，一般宜取 $h_c \geqslant 400\text{mm}$，$b_c \geqslant 350\text{mm}$，而且柱净高与截面的高度 h_c 之比宜大于 4，否则是短柱。

（3）也可根据柱子支撑楼板的面积上所承受的恒荷、活荷及墙重等，计算柱的最大竖向轴向力设计值 N_v，考虑水平荷载的影响，乘上系数预估柱子截面尺寸 A_c。

1）初估柱子的轴向力 N_v，按下式估算：

$$N_V = \gamma_G \cdot \omega \cdot S \cdot N_S \cdot \beta_1 \cdot \beta_2$$

式中　γ_G——分项系数，取为 1.25；

　　　ω——单位面积自重，取 $12 \sim 14\text{kN/m}^2$；

　　　S——柱的楼面负载面积，m^2；

　　　N_S——柱截面以上楼层；

　　　β_1——考虑角柱的影响系数，抗震等级为一级、二级设计角柱时取 1.3，其余情况取 1.0；

　　　β_2——由于水平力使轴力增大的系数，非抗震设计、6 度和 7 度抗震设计时取 1.05；8 度抗震设计取 1.1；9 度取 1.2。

2）初估柱截面面积 A_C

① 仅有风荷载作用或者抗震等级为四级时：

$$N = (1.05 \sim 1.10)N_v$$

$$A_c \geqslant \frac{N}{f_c}$$

② 有地震作用时：

$$N = (1.10 \sim 1.20)N_v$$

一级抗震等级时：

$$A_c \geqslant \frac{N}{0.65 f_c}$$

二级抗震等级时：

$$A_c \geqslant \frac{N}{0.75 f_c}$$

三级抗震等级时：

$$A_c \geqslant \frac{N}{0.85 f_c}$$

式中　f_c——柱截面轴心受压强度设计值。

柱截面确定后即可估计柱边长尺寸。

4.3　框架—剪力墙结构

框架—剪力墙结构体系（即框剪结构）是在框架结构的基础上增设一定数量的横向和纵向剪力墙构成的双重受力体系。框剪结构较剪力墙结构使得建筑平面灵活布置，而且相比框架结构又使得整体结构抗侧移刚度适当增大，具有良好的抗震性能。因而这种结构体系成为高层建筑最常用的一种结构形式。

4.3.1　框架—剪力墙结构的特点

　　框剪结构由框架和剪力墙组成，在水平荷载作用下，它们的变形特点不同。当用平面内刚度很大的楼盖将二者连接在一起组成框架—剪力墙结构时，由于二者存在协同工作的问题，框架与剪力墙在楼盖处的变形必须协调一致。

　　在水平荷载作用下，单独剪力墙的变形曲线如图 4-11(a) 所示，其变形曲线属于弯曲型；单独框架的总体变形曲线如图 4-11(b) 所示，其变形曲线属于剪切型。但是，在框架—剪力墙结构中，框架与剪力墙是相互连接在一起的一个整体结构，并不是单独分开，故其变形曲线介于弯曲型与剪切型之间。图 4-11(c) 中绘出了三种侧移曲线及其相互关系。由图可见，在结构下部，剪力墙的位移比框架小，墙将框架向左拉，框架将墙向右拉，故而框架—剪力墙结构的位移比框架的单独位移小，比剪力墙的单独位移大；在结构上部，剪力墙的位移比框架大，框架将墙向左推，墙将框架向右推，因而框剪力墙的位移比框架的单独位移大，比剪力墙的单独位移小。框架与剪力墙之间的这种协同工作是非常有利的，它使框剪结构的侧移大大减小，各层的层间变形趋于均匀化，且使框架与剪力墙中的内力分布更趋合理。

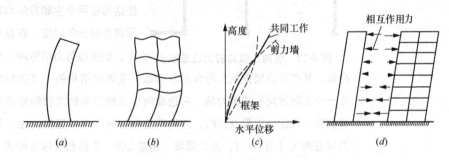

图 4-11　框架—剪力墙结构的受力变形特点

　　由于框架和剪力墙之间的变形协调作用，框架和剪力墙上分布的剪力沿高度也在不断调整。在框剪结构中，由于剪力墙的刚度比框架大得多，因此剪力墙负担了大部分剪力（70%～90%），框架只负担小部分剪力，使得框架上部和下部各层柱所受的剪力趋于均匀而受力更合理。

4.3.2　结构布置

4.3.2.1　结构形式与要求

　　框剪结构的形式是多样可变的，根据建筑平面布局和结构受力可采用以下几种形式：①框架和剪力墙（单片墙、联肢墙或较小井筒）分开布置，各成比较独立的抗侧力单元；②在框架的若干跨内嵌入剪力墙，框架相应跨的柱和梁成为该片墙的边框，称为带边框剪力墙；③在单片抗侧力结构内连续分别布置框架和剪力墙，混合组成抗侧力单元等，如图4-12所示。当然亦可以是以上几种形式的混合，也不排除根据实际情况采用其他形式。要指出的是，无论哪种形式，它都是以其整体来承担荷载和作用，各部分承担的力应通过整体分析方法（包括简化方法）确定，反过来说，应通过各部分含量的搭配和布置的调整来取得更合理的设计。

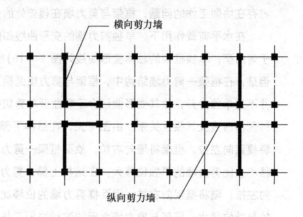

横向剪力墙

纵向剪力墙

图 4-12　框架—剪力墙结构

框剪结构应设计成双向抗侧力体系，使结构在两个主轴方向均具有必需的水平承载力和侧向刚度。在框架—剪力墙结构中，框架与剪力墙协同工作共同抵抗水平荷载，其中剪力墙抵抗大部分水平荷载，是这种结构的主要抗侧力构件。如果仅在一个主轴方向布置剪力墙，将造成两个主轴方向结构抗侧刚度悬殊，使结构整体扭转。因此，抗震设计时，结构两主轴方向均应布置剪力墙，且横向与纵向剪力墙宜相连（图4-13），互为翼墙，组成L形、T形和[形等形式，从而提高其刚度、承载力和抗扭能力。

图 4-13　纵向、横向剪力墙墙组合

在长矩形平面中，如果两片横向剪力墙的间距过大或两墙之间的楼盖开大洞时，楼盖在自身平面内的变形过大，不能保证框架与剪力墙协同工作，中间部分框架侧移增大（图4-14），所受剪力也将成倍地增加，为发挥剪力墙作为主要抗侧力构件的作用，横向剪力墙沿房屋长方向的间距宜满足表4-6的要求，当这些剪力墙之间的楼盖有较大开洞时，剪力墙的间距应适当减小。

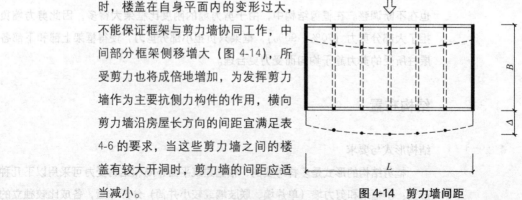

图 4-14　剪力墙间距

剪力墙的间距限值（m）   表 4-6

楼面形式	非抗震设计	抗震设防烈度		
		6度，7度	8度	9度
现浇	≤5.0B，且≤60	≤4.0B，且≤50	≤3.0B，且≤40	≤2.0B，且≤30
装配整体	≤3.5B，且≤50	≤3.0B，且≤40	≤2.5B，且≤30	—

注：1. 表中 B 表示楼面宽度，单位为 m。

2. 装配整体式楼盖指装配式楼盖上设有配筋现浇层。

3. 现浇层厚度大于 60mm 的预应力叠合板可作为现浇楼板考虑。

4.3.2.2   **剪力墙布置的一般原则**

框剪结构中，由于剪力墙的侧向刚度比框架大很多，剪力墙的数量和布置对结构的整体刚度和刚度中心位置影响很大，所以确定剪力墙的数量并进行合理的布置是框剪结构设计中的关键问题。剪力墙的布置应符合"均匀、分散、对称、周边"的原则。

均匀、分散是要求剪力墙的片数适当地多，且每片的刚度大小应适度，不要太大，在楼层平面上均匀布开，不要集中到某一局部区域（图 4-15）。单片剪力墙底部承担的水平剪力不宜超过结构底部总剪力的 40%，剪力墙宜贯通建筑物全高，避免刚度突变，剪力墙开洞时，洞口宜上下对齐。

对称、周边布置是高层建筑抵抗扭转的要求。对称是要求剪力墙对称布置，使结构各主轴方向的侧向刚度接近，以避免产生大的扭转。剪力墙沿建筑平面的周边布置可以最大限度地加大抗扭转的内力臂，提高整个结构的抗扭能力。当沿周边布置有困难时，则可以调整有关部位剪力墙的长度和厚度，使框架—剪力墙结构体系的抗侧刚度中心与质量中心尽量接近，以减轻地震作用下对结构产生扭转作用的不利影响。

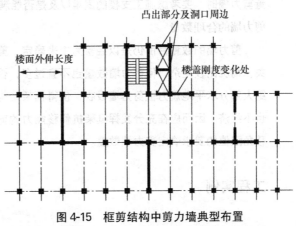

图 4-15   框剪结构中剪力墙典型布置

4.3.2.3   **剪力墙设置的部位和要求**

一般情况下，剪力墙宜布置在以下位置：

(1) **竖向荷载较大处。** 在竖向荷载较大处布置剪力墙，可以避免设置截面尺寸过大的柱子，满足建筑布置的要求。此外，剪力墙是主要抗侧力结构，承受很大的弯矩和剪力，需要较大的竖向荷载来平衡可能出现的轴向拉力，提高截面承载力，也便于基础设计。

(2) **建筑平面复杂部位或平面形状变化处。** 平面变化较大的角隅部位，容易产生大的应力集中，设置剪力墙予以加强是很有必要的；平面形状凹凸较大时，宜在凸出部分的端部附近布置剪力墙。当楼面有较长的外伸段时，宜在外伸段的适当部位设置剪力墙，以减少外伸段无支承点的悬臂长度（图 4-15）。

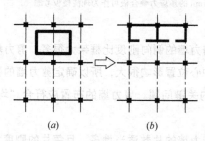

(a)　　　　(b)

图 4-16　楼梯、电梯间剪力墙的布置

(3) **楼梯间和电梯间开洞处。** 剪力墙布置在楼梯电梯开洞处，主要是楼、电梯等竖向通道相当于在楼板上开大洞，对楼板刚度削弱严重，特别是在结构单元端部角区和凹角处设置楼梯、电梯间时，受力更为不利。楼梯、电梯间等竖井宜尽量与靠近的抗侧力结构结合布置，不应独立设在柱网行列以外的中间部位（图 4-16a），而是至少有两侧应与柱网重合（图 4-16b），以增强结构空间的刚度和整体性，使之形成连续、完整的抗侧力体系。

(4) **横向剪力墙布置在端部附近可以减少楼面外伸段的长度，使楼面刚性得到充分发挥。** 但布置在同一轴线上而又设在建筑物两尽端的纵向剪力墙，会使中间部分楼盖受到两端剪力墙的约束，在混凝土收缩或温度变化时容易出现裂缝。因此，应采取适当的措施消除温度应力影响。

(5) **为避免施工困难，不宜在变形缝两侧同时布置剪力墙。** 尤其是山墙处布置剪力墙时，要考虑施工支模的困难以及是否能满足建筑功能要求。

4.3.2.4　剪力墙的合理数量

剪力墙的数量目前仍是以经验为主来确定。剪力墙的合理数量与很多因素有关，情况比较复杂，但剪力墙数量也不宜过多，否则地震作用相应增加，还会使绝大部分水平地震力被剪力墙吸收，使得框架结构作用不能充分发挥，既不合理也不经济。因而应在充分发挥框架抗侧移能力的前提下，以满足结构层间弹性位移角限值的要求确定剪力墙数量。

4.3.3　工程实例

(1) 上海交通大学包兆龙图书馆

上海交通大学包兆龙图书馆，地下一层，地上 20 层，总高度为 72.4m，标准层的层高为 3.3m。抗震设防烈度为 6 度，Ⅱ类场地。采用框剪结构体系，标准层结构平面布置如图 4-17 所示。框架柱截面尺寸为 650mm×650mm～800mm×800mm，楼盖采用现浇钢筋混凝土肋梁楼盖，板厚 150mm，一般梁截面为 250mm×650mm。剪力墙厚度为 180～200mm。地上部分混凝土折算厚度为 31cm/m²，钢筋用量为 45.3kg/m²。

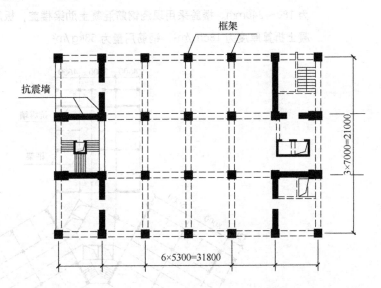

图 4-17　上海交通大学包兆龙图书馆标准层结构平面布置图

(2) 广东省人民银行

广东省人民银行，地下一层，地上 29 层，总高度为 101.5m，抗震设防烈度为 7 度，Ⅱ类场地，标准层结构平面布置如图 4-18 所示。框架柱截面尺寸为 600mm×1200mm～800mm×1200mm，剪力墙厚度为 200～400mm，楼盖采用现浇肋梁楼盖，楼板厚度为 100～150mm。地上部分混凝土折算厚度为 28cm/m²，钢筋用量为 45kg/m²。

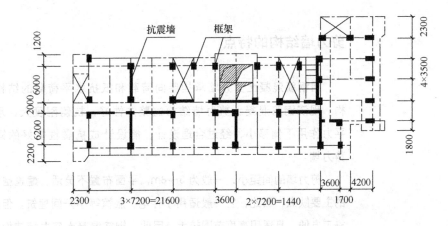

图 4-18　广东省人民银行标准层结构平面布置图

(3) 广东省中山市国际酒店

广东省中山市国际酒店，平面形状为三叉形，地上 19 层，总高度为 65.5m，标准层层高为 2.9m。结构抗震设防烈度为 7 度，Ⅲ类场地，标准层结构布置图如图 4-19 所示。框架柱截面尺寸为 600mm×600mm～900mm×900mm，剪力墙厚度为 180～240mm。楼盖采用现浇钢筋混凝土肋梁楼盖，板厚 100mm。地上部分混凝土折算厚度为 18cm/m²，钢筋用量为 53kg/m²。

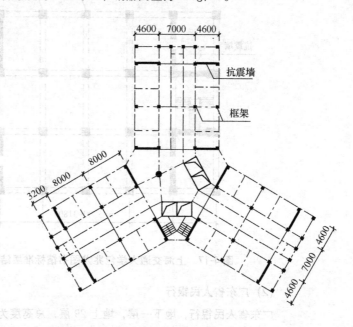

图 4-19　广东省中山市国际酒店标准层结构平面布置图

4.4　剪力墙结构

4.4.1　剪力墙结构的特点

用钢筋混凝土剪力墙承担竖向荷载和抵抗水平荷载的结构称为剪力墙结构。现浇钢筋混凝土剪力墙结构的整体性好，抗侧刚度大，承载力大，在水平力作用下侧移小，经过合理设计，能设计成抗震性能好的钢筋混凝土延性剪力墙。

剪力墙的间距小，一般为 3～8m，平面布置不灵活、建筑空间受到限制是它的主要缺点，因此，它一般适用于住宅、旅馆等小开间建筑。但是，剪力墙结构施工方便，且适用高度范围较大。因此，钢筋混凝土剪力墙结构在我国国内应用十分广泛，图 4-20 中给出了一些应用剪力墙结构的平面图。

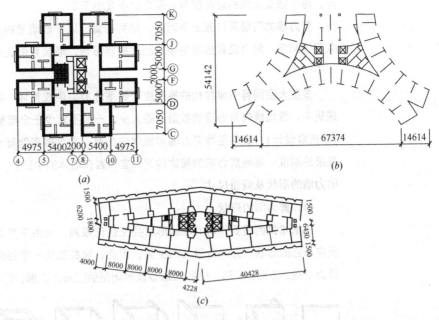

图 4-20 钢筋混凝土剪力墙结构

(*a*) 北京国际饭店；(*b*) 深圳红岭大厦；(*c*) 广州白天鹅宾馆

4.4.2 剪力墙结构的布置原则和类型

4.4.2.1 剪力墙结构的布置原则

剪力墙的宽度和高度比其厚度大得多，且以承受水平荷载为主的竖向结构。剪力墙平面内的刚度很大，而平面外的刚度很小。为了保证剪力墙的侧向稳定，各层楼盖对它的支撑作用很重要。剪力墙的下部一般固接于基础顶面，构成竖向悬臂构件，习惯上称其为落地剪力墙。剪力墙既可以承受水平荷载，也可以承受竖向荷载，而其承受平行于墙体平面的水平荷载最有利。在抗震设防区，水平荷载还包括水平地震作用，因此钢筋混凝土剪力墙也称为抗震墙。

剪力墙宜沿结构的主轴方向双向或多向布置（图 4-21），宜使两个方向的刚度接近，避免结构某一方向刚度很大而另一方向刚度较小。剪力墙墙肢截面宜简单、规则，剪力墙沿建筑物整个高度宜贯通对齐，上下不错层、不中断，以避免沿高度方向墙体刚度产生突变。较长的剪力墙可用楼板或弱的连梁分为若干个独立墙

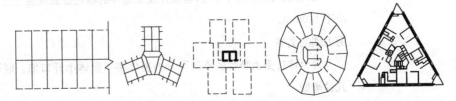

图 4-21 剪力墙在平面上的布置

段，每个独立墙段的总高度与长度之比不宜小于2。

剪力墙的门窗洞口宜上下对齐，成列布置，以形成明显的墙肢和连梁，不宜采用错洞墙，洞口设置应避免墙肢刚度相差悬殊，墙肢截面长度与厚度之比不宜小于3。

多层大空间剪力墙结构的底层应设置落地剪力墙或筒体。在平面为长矩形的建筑中，落地横向剪力墙的数量不能太少，一般不宜少于全部横向剪力墙的30%（非抗震设计）。底层落地剪力墙和筒体应加厚，并可提高混凝土强度等级以补偿底层的刚度。落地剪力墙的筒体的洞口宜布置在墙体的中部。

4.4.2.2　剪力墙的形状及截面尺寸

（1）剪力墙的形状

根据建筑的需要，剪力墙的形状并无任何限制，但由于剪力墙对水平荷载的反应与它的形状及方向有很大的关系，因此，除截面为一字形外，常将剪力墙设计为 L 形、Z 形、T 形、I 形、⊏形以及封闭型的□形、△形、○形（图 4-22）。

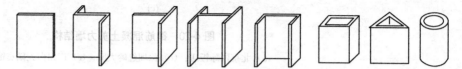

图 4-22　剪力墙截面的形式

（2）剪力墙的截面尺寸

剪力墙的截面尺寸应满足下列要求：

1）按一、二级抗震等级设计的剪力墙的截面厚度，底部加强部位不应小于层高或剪力墙无支长度的 1/16，且不应小于 200mm；其他部位不应小于层高或剪力墙无支长度的 1/20，且不应小于 160mm。当为无端柱或翼墙的一字形剪力墙时，其底部加强部位截面厚度尚不应小于层高的 1/12；其他部位不应小于层高的 1/15，且不应小于 180mm。

2）按三、四级抗震等级设计的剪力墙，底部加强部位不应小于层高或剪力墙无支长度的 1/20，且不应小于 160mm；其他部位不应小于层高或剪力墙无支长度的 1/25，且不应小于 160mm；

3）非抗震设计的剪力墙，其截面厚度不应小于层高或剪力墙无支长度的 1/25，且不应小于 160mm；

4）剪力墙井筒中，分割电梯井或管道井的墙肢截面厚度可适当减小，但不宜小于 160mm。

4.4.2.3　剪力墙的类型

剪力墙按受力特性的不同可分为整体墙、整体小开口墙、联肢墙及壁式框架几种类型。

(1) 整体剪力墙

无洞口的剪力墙或剪力墙上开有一定数量的洞口，但洞口的面积不超过墙体面积的16%，且洞口至墙边的净距及洞口之间的净距大于洞孔长边尺寸时，可以忽略洞口对墙体的影响，这种墙体称为整体剪力墙。

(2) 整体小开口墙

当剪力墙上所开洞口面积稍大，超过墙体面积的16%时，在水平荷载作用下，这类剪力墙截面的正应力分布略偏离了直线分布的规律，变成了相当于在整体墙弯曲时的直线分布应力之上叠加了墙肢局部弯曲应力；当墙肢中的局部弯矩不超过墙体整体弯矩的15%时，其截面变形仍接近于整体截面剪力墙，这种剪力墙称之为整体小开口墙。

(3) 联肢剪力墙

当剪力墙沿竖向开有一列或多列较大的洞口时，由于洞口较大，剪力墙截面的整体性已被破坏，剪力墙的截面变形不再符合平截面的假定，这时剪力墙成为由一系列连梁约束的由墙肢所组成的联肢墙。开有一列洞口的联肢墙称为双肢墙，当开有多列洞口时称之为多肢墙。

(4) 壁式框架

当剪力墙的洞口尺寸较大，墙肢宽度较小，连梁的线刚度接近于墙肢的线刚度时，剪力墙的受力性能已接近于框架，这种剪力墙称为壁式框架。

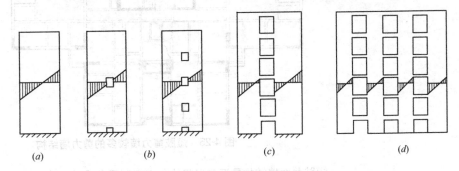

(a)　　　　　*(b)*　　　　　*(c)*　　　　　*(d)*

图4-23　剪力墙计算类型

(a) 整体墙；*(b)* 小开口整体墙；*(c)* 双肢墙；*(d)* 多肢墙

图4-23为剪力墙体上洞口大小对剪力墙工作性能的影响。

4.4.3　两种特殊的剪力墙结构

4.4.3.1　底部大空间剪力墙结构

一些多功能的公共建筑，要求底层作商场的公寓住宅、酒店建筑中，常采用上部为剪力墙、下部为柱支承的结构，以扩大底层使用空间的灵活性，结构要求荷载从上部剪力墙向下部柱子转换，这种结构称为底部大空间剪力墙结构，即框支剪力墙结构体系，见图 4-24。

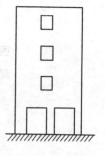

　　这种结构体系由于以框架代替了若干片剪力墙，故房屋的抗侧力刚度有所削弱，结构体系上刚下柔，对抗震不利，为弥补下部刚度的减弱，规范要求有一定数量的落地剪力墙，且底部大空间时层数在 8 度设防区不宜超过 3 层；7 度设防区不宜超过 5 层；且并在框支层周围楼板不应错层布置。

图 4-24　框支剪力墙的墙片

4.4.3.2　短肢剪力墙结构

　　短肢剪力墙是指截面高度较小的单肢剪力墙，通过楼板大梁或弱连梁与其他剪力墙协同工作而形成的结构体系，如图 4-25 所示。

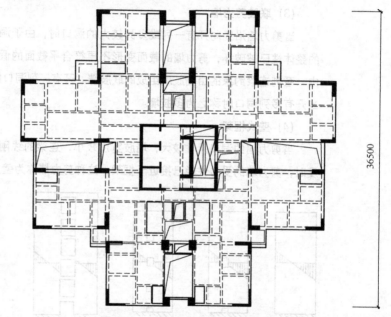

图 4-25　短肢剪力墙较多的剪力墙结构

　　短肢剪力墙结构是近年兴起的，它有利于住宅建筑布置，又可进一步减轻结构自重，应用逐渐广泛。但是由于短肢剪力墙抗震性能较差，地震区应用应谨慎，考虑高层住宅建筑的安全，其剪力墙不宜过少、墙肢不宜过短，在允许高层建筑中采用短肢剪力墙的前提下，《高层建筑混凝土结构技术规程》JGJ 3—2010 对剪力墙的应用范围作了严格的限制。具体规定下：高层建筑结构不应采用全部短肢剪力墙的剪力墙结构；短肢剪力墙较多时，在结构中应布置筒体或一般剪力墙，形成短肢剪力墙与筒体或一般剪力墙共同抵抗水平力的剪力墙结构；B 级高度高层建筑和 9 度设防的 A 级高度高层建筑，即使设置筒体，也不应采用具有较多短肢剪力墙的剪力墙结构；具有较多短肢剪力墙的剪力墙结构的最大适用高度在 7 度和 8 度设防时应分别不大于 100m 和 60m；如果在剪力墙结构中只有个别小墙肢，不应看成短肢剪力墙结构而应作为一般剪力墙结构。

4.4.4　工程实例

(1) 广州白云宾馆剪力墙结构

广州白云宾馆共 33 层（图 4-26），其中地下室 1 层，高 106.6m，横向布置钢筋混凝土剪力墙，纵向走廊的两边也为钢筋混凝土剪力墙，墙厚沿高度由下往上逐渐减小，混凝土强度等级也随高度而降低，见表 4-7。

楼盖采用现浇钢筋混凝土梁板结构。地下室为现浇钢筋混凝土箱形基础，并采用大型钻孔灌柱桩，直径为 1m，锚入岩层 50~100cm。该建筑的计算顶点水平侧移值为 96mm，约为建筑总高度的 1%，层间相对位移角 $\delta/h < 1/960$，h 为层高。钢筋用量为 66kg/m²，水泥用量为 360kg/m²。

广州白云宾馆剪力墙情况　　　　　　　表 4-7

横向剪力墙			纵向剪力墙		
层数	混凝土强度等级	墙厚（cm）	层数	混凝土强度等级	墙厚（cm）
29 以上	C20	16	24 层以上	C20	20
25~28	C20	16			
21~24	C20	18	21~24	C20	25
17~20	C25	20	17~20	C25	
13~16	C25	23	9~16	C25	27
9~12	C25	26			
5~8	C30	29	1~8	C30	30
1~4	C30	32			

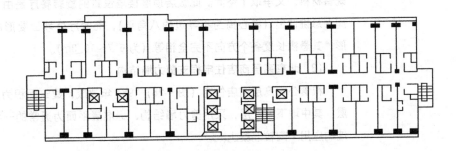

图 4-26　广州白云山宾馆标准层平面

(2) 北京西苑饭店剪力墙结构

西苑饭店建成于 1984 年，主楼建筑面积 62500m²，749 间客房，标准层平面为 L 形，系剪力墙结构（图 4-27）。

西苑饭店剪力墙间距为 4m，客房采用预应力叠合板楼盖结构。标准层客房锯齿形外墙做成复合预制板外墙。墙板一端伸出环形钢筋与现浇剪力墙浇成整体，由剪力墙每层向外悬挑考虑。山墙为 400mm 厚复合剪力墙（外层为 100mm 厚配筋陶粒混凝土外墙板，内浇 300mm 厚现浇墙）。

该楼自第四层开始为标准层，剪力墙每 4m 一道，三层以下为公共层，墙间

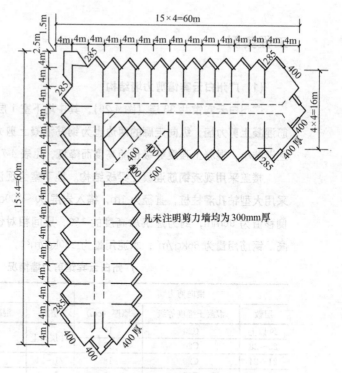

凡未注明剪力墙均为300mm厚

图 4-27　北京西苑饭店标准层平面

距为 8m。因而在三层顶板处需设承托上部 20 层荷载的大梁，在设计中将四、五层的墙加厚为 300mm，利用两层高的墙（5.8m 高）作为托墙梁，按深梁计算，既省材料，又争取了空间。此饭店顶层楼塔设置的旋转餐厅是由中心混凝土筒向周围悬挑伸出（中心筒为不等边的八角形），而餐厅外墙面要形成一个等边八角形，其悬挑长度各个方向不完全相等（为 6.7～10.3m）。

(3) 北京高层商店住宅框支剪力墙结构

粮食公司高层商店住宅（图 4-28）1984 年建成，建筑面积为 12950㎡，共 17层，其中地下室 2 层，采用剪力墙结构，标准层平面为通常的一字形。内外剪力墙均应用了陶粒混凝土。

在底层，则作为框支剪力墙，使标准层中间 6 道横向剪力墙不落地面做成框架，形成较大空间作为商店营业厅用。在两个营业厅之间的一道落地横墙加厚到 500mm，中柱截面为 600mm×800mm，框支梁截面为 500mm×900mm，内部剪力墙厚240mm，四周外墙厚280mm，底层均采用普通钢筋混凝土。一层的楼板则加厚至 200mm，以增加交接层楼板刚度，不使楼板产生较大变形。

(4) 德国不莱梅单身职工大楼剪力墙结构

该大楼每层 9 户，除尽端 2 户为二室户外，其余均为一室户，但其起居、用餐、卧室均有适当的位置，空间开敞。每户一个凹阳台和通长的窗户，也起到扩大室内空间的作用（图 4-29）。

在扇形一侧布置一个主要楼梯、两部电梯和一个消防疏散楼梯组成的交通中

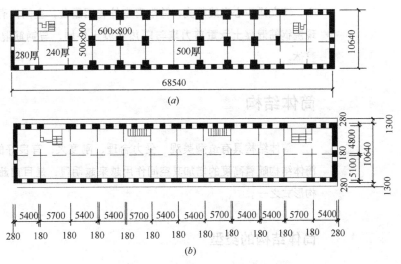

图 4-28　北京粮食公司高层商店住宅

（a）一层平面图；（b）标准平面图

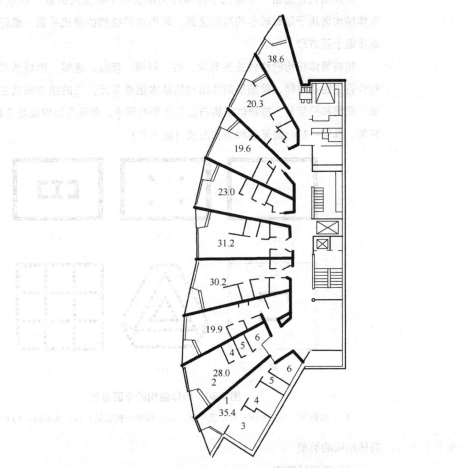

图 4-29　德国不莱梅 22 层扇形大楼平面

1—起居室；2—起居室兼卧室；3—卧室；4—厨房；5—浴室；6—储存间

心，该交通中心光线敞亮，并附有室外花园露台，空间富有变化。结构上采用了现浇钢筋混凝土承重剪力墙与隔热混凝土外墙，与钢筋混凝土楼板组合成一个整体。

4.5　筒体结构

筒体结构具有造型美观、受力合理、刚度大、有良好的抗侧力性能等优点，筒体结构随着高度的增加其空间作用越来越明显，是目前超高层建筑常采用的结构形式之一。

4.5.1　筒体结构的类型

4.5.1.1　筒体结构的组成

筒体结构是指由一个或几个筒体作为承受水平和竖向荷载的高层建筑结构。筒体结构适用于层数较多的高层建筑。采用这种结构的建筑平面，最好为正方形或接近于正方形。

组成筒体结构的构件主要有梁、柱、斜撑、墙肢、连梁、刚域节点等，这些构件首先组成单筒，单筒是筒体结构的基本组成单元，它的结构形式主要有实腹筒、框筒和桁架筒。按筒体结构布置与选型的要求，单筒可以继续组合成筒中筒、束筒、框架—核心筒等各种结构形式（图 4-30）。

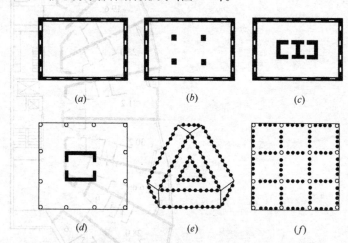

图 4-30　筒体结构的平面布置

（*a*）实腹筒；（*b*）框筒；（*c*）筒中筒；（*d*）框架—核心筒；（*e*）多重筒；（*f*）束筒

4.5.1.2　筒体结构的类型

（1）实腹筒结构

实腹筒体结构实际上是一个箱形梁。实腹筒结构常用来作为竖向交通运输和服务设施的通道，同时也是结构总体系中抗侧力的主要构件。如果建筑物中只有一个实腹筒，一般都应该设置在建筑平面的正交中心部位；当多于一个时，则应对称布置。实腹筒常常需要开一些孔洞或者门洞（如电梯井的门等），当筒体的孔洞面积小于30％时，自身的刚度和强度有所下降，但对于初步设计来说还是可以忽略的，如图 4-30 (a)。

(2) 框筒结构

框筒结构是由密集柱和高跨比较大的窗群梁所组成的空腹筒结构（图4-31）。与框架相比，框筒可以充分发挥结构的空间作用。在水平力作用下，除了与水平力方向一致的腹板框架受力以外，垂直于水平力的翼缘框架也可承受很大的倾覆力矩，因而框筒的抗侧刚度很大；由于结构构件布置在建筑物周边，使得梁柱间直接形成窗口，框筒抗扭刚度也很大。

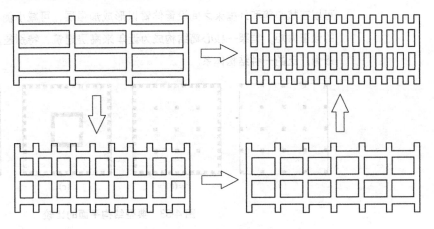

图4-31　从框架到框筒

为减少楼盖结构的内力和挠度，中间往往要布置一些柱子，以承受楼面竖向荷载，见图 4-30 (b)。

(3) 筒中筒结构

由框筒或者由桁架筒单独组成抗侧力体系的建筑却很少，为了更好传递楼盖的竖向荷载，布置内筒是合理的。由于竖向交通和管道设备的通行，也需要设置内筒，因而更常见的结构体系是筒中筒结构。

筒中筒结构由外筒和内筒组成，见图 4-30 (c)。外筒为框筒和桁架筒，钢筋混凝土结构的内筒可以采用剪力墙围成的实腹筒，钢结构则采用内钢桁架筒或内钢框筒。内筒可设置竖向交通井以及竖向管道井，同时内筒也加强了结构，因而筒中筒结构的抗侧刚度和抗扭刚度更大，适用于更高的高层建筑。

筒中筒体系常用的平面形状有圆形、方形和矩形，也可用于椭圆形、三角形和多边形等。在矩形框筒体系中，长、短边长度比值不宜大于 1.5。框筒柱距不宜大于 3m，个别可扩大到 4.5m，但一般不应大于层高。横梁高度在 0.6m～1.5m 左右。为保证外框筒的整体工作，开窗面积不宜大于 50％，不得大于 60％；

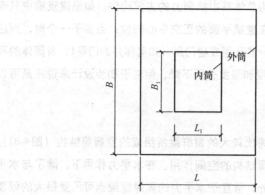

图 4-32 内外筒平面尺寸要求

内筒长度 L_1 不应小于外筒长度 L 的 1/3；同样，内筒宽度 B_1 也不应小于外筒宽度 B 的 1/3，见图 4-32。

(4) 框架—核心筒结构

框架—核心筒与筒中筒结构平面形式相似，都是由外围周边结构与内筒结构组成，但从受力性能上看，它们有很大区别，前者外围是一般框架，后者外围是筒体 (图 4-33)。框架—核心筒结构的受力变形与框剪结构类似，因为它的外框架柱间距较大，数量较少，剪力墙组成的核心筒成为抵抗水平力的主要构件。在高度较大时，还可以在核心筒和外框架之间设置伸臂以形成加强层，可减小侧移，减少内筒承担的倾覆力矩。框架—核心筒结构成为近年来高层建筑、特别是超高层建筑中应用最为广泛的一种结构体系。

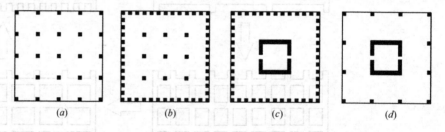

图 4-33 典型结构平面的比较

(*a*) 框架；(*b*) 框筒；(*c*) 筒中筒；(*d*) 框架—核心筒

(5) 多重筒结构

当建筑平面尺寸很大或当内筒较小时，内外筒之间的距离较大，即楼盖结构的跨度变大，这样势必会增加楼板厚度或楼面梁的高度。为降低楼盖结构的高度，可在筒中筒结构内外筒之间增设一圈柱或剪力墙，如果将这些柱或剪力墙连接起来使之形成一个筒的作用，则可认为由三个筒共同作用来抵抗侧向荷载，即成为一个三重筒结构，如图 4-30 (*e*)。

(6) 束筒结构

两个或两个以上的框筒紧靠在一起成"束"状排列，成为束筒。束筒的腹板框架数量多，也就使翼缘框架与腹板框架相交的"角柱"增加，这样可以大大减小剪力滞后效应如图 4-30 (*f*)。最著名的束筒结构体系是美国的西尔斯大厦，它的束筒由 9 个框筒组成，总边长为 69m，每个边有 4 个"角柱"，缓解了剪力滞后，加大了结构抗侧刚度 (图 4-34)。为了减小风荷载的影响，沿高度逐步截断一些筒，在顶部只剩下 2 个筒。每个筒中不再设柱，采用 23m 跨度的桁架梁做成楼盖，桁架高度内可以穿越管道。

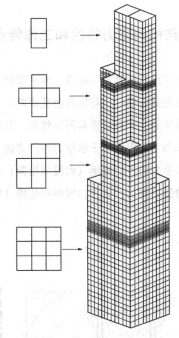

图 4-34　西尔斯大厦

　　框筒结构或筒中筒结构的外筒柱距较紧密，常常不能满足建筑使用上的要求。
为扩大底层出入洞口，减少底层柱的数目，常用巨大的拱、梁或桁架等支撑上部
的柱，如图 4-35 所示。

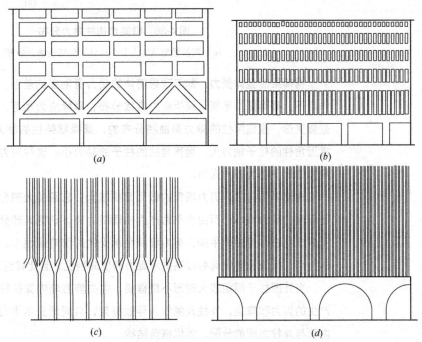

图 4-35　筒体结构底部柱的转换

(*a*) 传力桁架；(*b*) 传力墙梁；(*c*) 传力有叉形端的柱；(*d*) 传力拱

4.5.2 筒体结构的受力特性和工作特点

筒体结构的基本特征是：水平荷载主要是由一个或多个筒体承受，筒体可以是剪力墙薄壁筒，也可以是密柱框筒。

筒体是空间整截面共同工作的，如同一竖在地面上的悬臂箱形梁。框筒在水平力作用下不仅平行于水平力作用方向上的框架（即腹板框架）起作用，而且垂直于水平方向上的框架（即翼缘框架）也共同受力。薄壁筒在水平力作用下更接近于薄壁杆件，产生整体弯曲和扭转（图 4-36）。

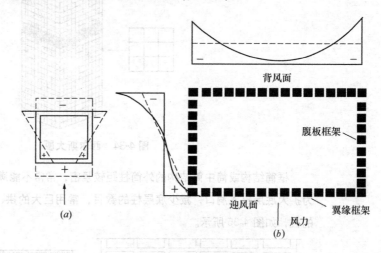

图 4-36 框筒结构柱轴力分布

（a）细长箱型梁应力分布；（b）框筒柱轴力分布

框筒虽然整体受力，却与理想筒体的受力有明显的差别。理想筒体在水平力作用下，截面保持平面，腹板应力直线分布，翼缘应力相等，而框筒则不保持平截面变形，腹框架柱的轴力是曲线分布的，翼缘框架柱的轴力也是而均匀分布；靠近角柱的柱子轴力大，远离角柱的柱子的轴力小。这种应力分布不再保持直线规律的现象称为剪力滞后。

在筒体结构中，剪力墙筒的截面面积较大，它承受大部分水平剪力，所以柱子承受的剪力很小；而由水平力产生的倾覆力矩，则绝大部分由框筒柱的轴向力所形成的总体弯矩来平衡，剪力墙和柱承受的局部弯矩很小。由于这种整体受力的特点，框筒和薄壁筒有较高的承载力和侧向刚度，且比较经济。

当外围柱子间距较大时形不成框筒，中央剪力墙内筒往往将承受大部分外力产生的剪力和弯矩，外柱只能作为等效框架，共同承受水平力的作用，水平力在内筒与外柱之间的分配，类似框剪结构。

成束筒由若干个筒体并联在一起，共同承受水平力，也可以看成是框筒中间加了一框架隔板。其截面应力分布大体上与整截面筒体相似，但出现多波形的剪力滞后现象，这样，它比同样平面的单个框筒受力要均匀一些。

4.5.3　筒体结构的布置

4.5.3.1　平面形状

确定筒体结构平面形状的原则，一是要有利于筒体空间整体工作特性的充分发挥；二是要具有双轴对称，使地震引起的扭转振动减小到最低限度，因此，平面形状采用圆形和正方形最为有利。

筒体结构易采用简单的平面形状。对于筒中筒和框筒结构，为了防止扭转偏心产生的不利影响，应首先考虑有双轴对称的圆形、正方形、矩形和正多边形平面，其次为正三角形、截角三角形平面，最后才考虑无对称性的复杂平面形状的筒体。矩形平面的筒体结构应尽可能接近方形，尽量减小长宽比。一般情况下，矩形平面框筒长宽比不宜大于 1.5，任何情况下均不应大于 2。

4.5.3.2　平面尺寸

为了使框筒的空间整体工作特性得以充分发挥，单个框筒的平面尺寸不能过大。翼缘越宽，剪力滞后现象越显著，翼缘框架中会有许多柱子不能发挥作用，外框筒边长不应超过 45m。

筒中筒结构的内筒与外筒之间的距离以 7～12m 为宜，内筒做得越大，结构的抗侧移刚度越大，但易造成内外筒建筑使用面积减小。一般来说，外筒尺寸宜为内筒尺寸的三倍，一方面满足了刚度的要求，另一方面也使内外筒之间留出足够的空间以供使用。当内外筒之间的距离较大时，可另设柱子作为楼面梁的支承点，以减少楼盖的结构高度。

为发挥密柱框架的框架空间作用，框筒的柱距一般为 1.2～3.0m，不宜大于层高。当柱距大于 3.5m 时，空间作用逐渐减弱。横梁跨高比一般为 2.5～4.0，截面高度不得小于 600mm。当横梁尺寸较大时，柱间距也可相应加大。在长宽比较大的矩形平面中，位于长边中部柱子的作用较小，因而可以局部采用较大的柱距。当外柱柱距逐渐加大时，筒中筒结构演变为框架—筒体结构。

4.5.3.3　构件截面尺寸

(1) 内筒

内筒的筒墙厚度一般较大，可为 350mm 以上，一般采用 400～500mm。内筒的其他墙厚一般为 200～250mm。如果刚度不够，可以适当加厚几道主要的其他墙。

(2) 外框筒柱

外框筒柱主要在筒壁平面内受力，因此不论是翼缘框架柱还是腹板框架柱，都宜采用矩形截面，长边在框筒平面内，尽量少用方柱和圆柱。

有时可以在框筒柱外侧加肋形成 T 形截面柱，T 形截面柱的线条可以满足建筑艺术的要求，还可以提高柱子在平面外的稳定。

角柱是形成结构空间工作的重要构件，它协调翼缘框架与腹板框架的变形，使之共同受力，因此角柱宜有较大的刚度，角柱截面面积取一般柱的 2 倍以上。角柱可以是 L 形、方形或箱型截面的小角筒。

(3) 外框筒梁

框筒梁的截面不得小于 600mm，一般为 1.0～1.5m，以保证框筒的整体作用。在有条件的情况下，在建筑物的顶部或中间部位设置截面很高的刚性环梁，可以提高它的强度和刚度。一般刚性大梁所在层作为设备层。

4.5.3.4　**开洞率**

外筒要求作为箱型截面整体工作，因此开孔面积不宜过大。一般情况，钢筋混凝土框筒的立面开洞率不宜大于 40%，任何情况都不得大于 50%。此外，窗洞的形状对框筒受力状态也有很大的影响，对于钢筋混凝土框筒，洞口的高宽比接近于层高与柱距的比值。避免过于细高和过于扁宽的洞口，细高的洞口使窗裙梁高度减小，剪力滞后效应增大；扁宽的洞口使框架平面内的柱宽减小，整体剪切变形增大。

4.5.4　**工程实例**

(1) 上海金茂大厦

上海金茂大厦总高 421m，88 层，50 层以下为办公用房，50 层以上为旅馆。大厦结构体系由钢筋混凝土内筒、8 个劲形钢筋混凝土巨型外柱及连接两者的 8 个钢结构加强层组成（图 4-37）。内筒为 27m×27m 的八边形平面，52 层以下核心筒内有井字形内墙，53 层以上无内墙形成中空。8 个巨型外柱设在四边的中部，每边两个。加强层主要设置在 24～25 层、51～52 层、85～86 层及顶层，采用 2 层 8m 高的钢桁架。

(2) 广州珠江新城西塔平面

广州珠江新城西塔钢结构外筒是一个不规则网筒结构，其横截面沿整个建筑高度是连续变化的（图 4-38）。主塔楼地面以上 103 层，高 432m，其中 1～3 层为大厅，4～67 层为办公室，67 层以上是高级酒店及客房，最高处设有直升机平台。在办公楼层，采用钢管混凝土斜交网格柱外筒和钢筋混凝土内筒的筒中筒结构体系，上升至酒店层时，混凝土内筒不再向上延伸，由钢柱锚入核心筒墙内，形成钢结构内框架—斜撑核心筒，结构体系为斜交网格柱外筒加内框架加斜撑的结构体系。钢结构外筒是结构的主要抗侧力体系，钢管混凝土立柱共 30 根，由地下四层柱定位点起呈倾斜状沿直线至塔顶相应的柱定位点。各柱的倾角不相同，柱钢管截面的直径与壁厚均沿高度变化，由底部外径 1800mm、壁厚 50mm 缩至顶部外径 700mm、壁厚 20mm，钢材材质为 Q345GJC 钢、Q345B 钢，管内充填高强混

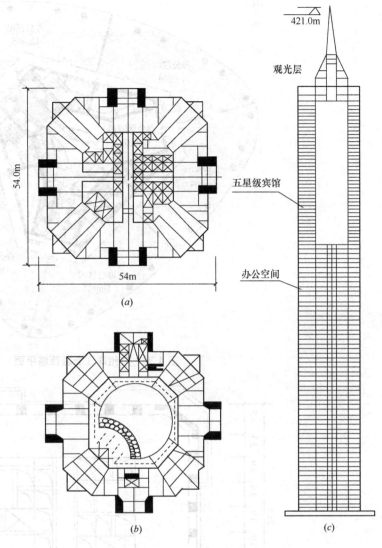

图 4-37 上海金茂大厦

(a) 办公标准平面; (b) 宾馆标准平面; (c) 立面

凝土。

(3) 广东国际大厦

广东国际大厦,主楼为框筒中筒现浇钢筋混凝土结构,采用天然地基片筏和条形基础,其外筒平面为 35.1m×37m 的矩形,由 24 根矩形柱和四根异形角柱组成;内筒平面为 17m×23m 的矩形,由电梯井和楼梯间等剪力墙组成,每层外围均设一根抗震周边大梁与楼板相连,内外筒之间的楼板从 7~63 层采用后张无粘结部分预应力钢筋混凝土平板,其余楼板为普通钢筋混凝土梁板式结构,主楼的 23、42 和 60 层均为技术层(兼作避难层),又做设备层,且是结构的刚性层,目的是减少主楼的水平位移(图 4-39)。

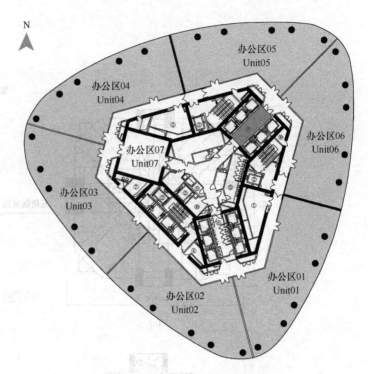

图 4-38　广州珠江新城西塔平面

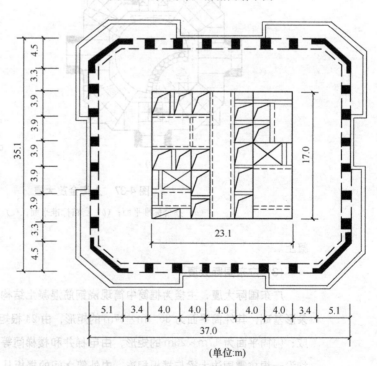

图 4-39　广东国际大厦主楼典型层结构平面

(4) 深圳国际贸易中心大厦

深圳国际贸易中心大厦，地下 3 层，地上 50 层，层高 160m，底层层高为

4.8m，典型层高为 3.3m，建筑物抗震设防烈度为 6 度，主体结构采用钢筋混凝土筒中筒结构体系。外框筒轴线间平面尺寸为 34.6m×34.6m，高宽比为 4.5；内墙轴线间尺寸为 17.6m×18.8m，高宽比为 8.8。主楼典型结构平面见图 4-40。

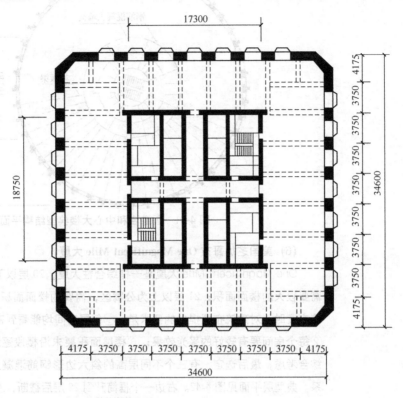

图 4-40 深圳国际贸易中心大厦主楼典型层结构平面

(5) 香港合和中心大厦

香港 1980 年建成的合和中心大楼（Hopewell Centre），地下一层，地上 64 层，层高 216m。采用钢筋混凝土结构。出于以下 4 点考虑，大楼采用圆形筒中筒体系：

1）大楼位于强风压区，高度又超过 220m，采用圆形平面，可使风荷载体型系数由 1.4 降为 0.8，减小风力对建筑物的影响；

2）采用圆形框筒可以消除矩形框筒角部的应力集中现象；

3）圆形结构特别适合采用滑升模板施工；

4）圆形楼面可以提供 12m 宽的连续无柱空间，各层楼面的面积利用系数达到 0.87。

该大楼外框筒的直径为 44.2m，周长 138.8m，按等间距布置 48 根柱子，柱距为 2.87m。内墙筒由三圈墙体和 10 道径向墙所组成，最外圈墙体的直径为 19.8m。各层楼盖均采用现浇钢筋混凝土梁式板，内外筒之间布置 48 根径向梁（图 4-41）。

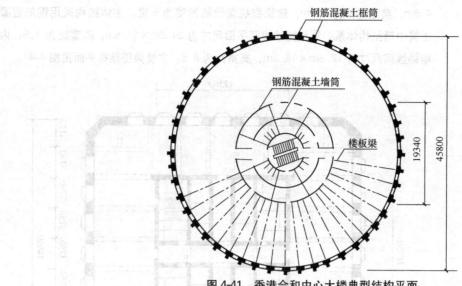

图 4-41　香港合和中心大楼典型结构平面

(6) 美国芝加哥市 One Magnificent Mile 大厦

　　One Magnificent Mile 大厦是一栋综合性大厦，20 层以下为商业区和办公区，需要较大的楼面面积；21 层以上为公寓区，需要的楼面面积较小一些。在制定建筑方案时，对建筑布置提出的要求是：①每层房间均能看到密执根湖的美丽景色；②每个房间要有较好的采光效果；③楼层面积要求沿楼段逐渐减小。多种因素的综合考虑，最后选定，有三个不同层高的斜六边形钢筋混凝土框筒组成框筒束体系。典型层平面见图 4-42。右边一个框筒升到 22 层后截断，左边一个框筒升到 49

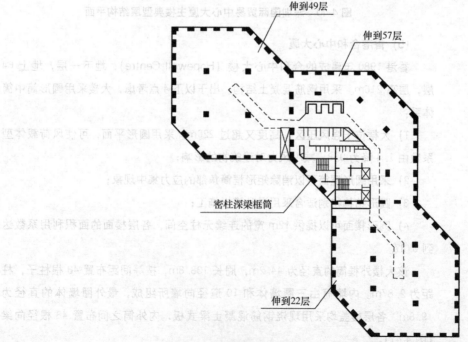

图 4-42　美国芝加哥 One Magnificent Mile 大厦典型平面

层截断，中间一个框筒一直升到 57 层，从而使整座建筑创造出一个宛如晶状体的立面效果。主楼的各层楼盖均采用现浇混凝土无梁楼盖。由于该大楼采用了十分有效的抗侧立体系和先进的施工方法，建筑材料耗用量较少，建筑造价甚低。

4.6　巨型框架结构

4.6.1　巨型建筑结构的概况

随着科学技术的飞跃进步和社会经济的发展，建筑业主对建筑外形、使用功能、建筑空间和建筑环境提出了越来越高的要求和希望，采用一般的高层建筑结构体系已不能满足现代超高层建筑和一些具有特殊功能要求的高层建筑的新需求，迫使建筑技术不断推陈出新。巨型结构体系的出现和发展正是适应了现代建筑发展的时代要求，它的概念产生于 20 世纪 60 年代末。作为一种新型结构体系，它由两级结构组成（又称超级结构体系），打破了以单独楼层作为基本结构单元的传统体系格局，在一座建筑中由几个大型结构单元组成的主结构与其他结构单元组成的次结构共同工作，从而获得更大的整体稳定性和更高的效能。其中的主结构是由巨型的构件（巨型柱和巨型梁）组成的简单且巨型的框架或桁架等结构，巨型结构的截面尺寸通常较普通高层建筑梁或柱的截面大很多，巨型梁通常采用平面或者空间格构式桁架，截面高度达一层或数层楼层以上，间距为隔若干楼层设置一道；巨型柱则可以是巨大的实腹钢骨混凝土柱、空间格构式桁架或是筒体，截面高度常超过一个普通框架的柱距尺寸。这样形成的主结构组成了一种超常规的具有巨大抗侧刚度及整体工作性能的大型结构，通常说的巨型框架可以形象地比喻为按比例放大的框架，将层数很多的超高层建筑每隔数层分为一组，即所谓的次结构，可以方便灵活地布置在巨型框架的每个大层内，或支承于巨型梁上，或悬挂于巨型梁下。设计中并不考虑次结构参与抵抗侧向力作用，只承受巨型梁间少数几层楼板上传来的竖向荷载并传递给巨型大梁。

巨型结构按其主要受力体系可分为巨型框架、巨型支撑结构、巨型悬臂结构和巨型分离筒体等四种基本类型；根据使用的主要材料可分为巨型钢筋混凝土结构、巨型钢骨钢筋混凝土结构、巨型钢—钢筋混凝土结构及巨型钢结构。

4.6.2　巨型结构的特点

巨型结构体系是近几十年来在世界上发展起来的新型结构体系，在我国近年也开始得到工程应用，尽管在理论分析和实验研究方面还存在许多问题需要展开深入研究，工程设计经验也有待于总结和积累，该结构体系作为一种新型高效的结构体系已向国际建筑业显示出其特有的建筑适应性、优越性的结构性能和特点。从目前的工程应用情况看，人们可以归纳总结出如下的认识和启示：

(1) 巨型结构便于满足建筑功能的复杂要求

巨型结构体系的出现使得高层建筑经常遇到的建筑功能需要与结构布置之间的矛盾迎刃而解。由于两层巨型横梁之间的次结构只是传力结构，故它的柱子不必竖向连续贯通，建筑物中可以自由布置大小不一的空间或空中台地或大门洞，甚至在巨型横梁下的楼层布置商场、会议室、游泳池及娱乐场所等公共空间，而不必受柱子的妨碍。另外，次结构中的柱子仅承受少数几层楼层的荷载，截面也可以做得比较小，为建筑设计灵活布置提供了良好条件。从建筑环境的角度看，巨型结构横梁下便于设置横穿建筑的洞口或沿建筑外立面螺旋上升的大开口，让部分气流通过，这对于高层和超高层建筑减少风力荷载、创造自然采光和通风的环境条件都是有利的。巨型结构特别适合有特殊功能要求的高层建筑或者综合功能要求的大型复杂体型的超高层建筑。

(2) 巨型结构体系刚度和整体性能好，传力明确，有利于抗震

在高层建筑结构中，抗侧力体系的抗侧能力强弱是控制结构设计的关键因素，也是衡量结构体系是否经济有效的尺度。巨型构件的截面尺寸比常规构件大得多，其刚度比普通构件的刚度大很多，使得整个结构具有极其良好的整体刚度，可有效控制侧移。主结构为主要的抗侧移体系和承重体系，次结构只承担局部的竖向荷载，并传给主结构，起着辅助作用和大震下的耗能作用。整个结构传力路线非常明确，同时也可在不规则的建筑中采取适当的结构单元组成规则的巨型结构，这些均有利于抗震。

(3) 巨型结构有更大的稳定性和更高的效能，可节省材料，降低造价

主结构和次结构可以采用不同的材料和体系，例如主结构可采用高强材料，次结构采用普通材料，体系灵活多样可以创造出各种不同的变化和组合。巨型结构体系中虽然主结构的截面尺寸大，材料用量大，但材料的利用率也高，而次结构只承受有限几层竖向荷载，梁柱截面尺寸较一般超高层建筑小得多，材料性能要求也较低。巨型结构更有利于充分发挥各种材料的特性，起到节约材料和降低造价的良好效果。

(4) 巨型结构体系施工速度快

巨型结构体系可先施工其主结构，待主结构完成后分开各个工作面同时施工次结构，可以大大缩短施工工期。

4.6.3　工程实例

(1) 深圳新华大厦

35层的深圳新华大厦采用 28.8m×28.8m 的正方形平面，主体结构由钢筋混凝土芯筒和外圈巨型框架组成，为钢筋混凝土巨型框架筒体体系。芯筒平面为 12m×9.7m 的矩形，内设 4 道横隔墙和 2 道纵隔墙。楼层平面的外圈为钢筋混凝土巨型框架，平面四角的大截面双肢柱作为四边主框架的 4 根角柱。沿楼房高度从下到上分别每隔 3 层、9 层、10 层设置预应力钢筋混凝土大截面梁与 4 根角柱一起构成主框架。在主框架的各层大梁之间设置 3～10 层楼高的较小截面次框架（图 4-43）。

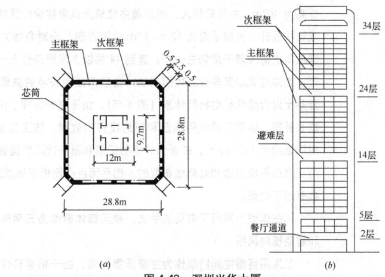

图 4-43 深圳兴华大厦

(a) 平面图；(b) 立面图

(2) 香港汇丰银行大楼

有时为了增加在地震作用下的结构的耗能，在主次结构之间增加耗能元件，或者将次结构做成悬挂结构。香港汇丰银行（地上 43 层，高 178.8m，顶部可停直升飞机，还有几层观赏平台）就是次结构为悬挂体系的巨型框架结构的典型工程。整个巨型框架结构由 8 根钢管组合柱承重，每根组合柱由 4 根底部最大直径为 1400mm 的钢管组成，纵、横向桁架梁共有 5 层，每道桁架梁伸出柱外 10.8m。楼面通过吊杆悬挂在这桁架大梁上，如图 4-44 所示。风荷载作用下的结构分析表

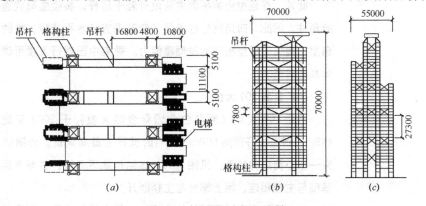

图 4-44 香港汇丰银行大楼

(a) 结构平面；(b) 结构纵剖面；(c) 结构横剖面

明，在水平力作用下，结构的侧移曲线为剪切型变形，沿房屋纵向结构的基本周期为4.5s，第2、第3扭转振型的周期分别为3.7s和3.1s，比其他结构体系的自振周期稍长，表明其耗能能力颇佳，结构总用钢量为25000t。

(3) 香港中国银行大厦

该建筑建成于1990年5月。地面以上共70层，高达315m，屋顶天线的顶端标高为368m。由美籍华人、国际著名建筑师贝聿铭设计建筑方案，罗伯逊公司完成结构设计。大厦平面为52m×52m的正方形，沿对角线方向分成的四个三角形区域向上每隔若干层切去一个，直到44层以上保留四分之一，成为至屋顶的三角形，整体建筑以其多棱晶体形的独特造型而成为香港的亮丽风景线。大楼为钢－混凝土混合结构巨型桁架体系（图4-45），由于充分发挥了两种材料的优势，互相取长补短，达到了减低用钢量和节约投资的效果。该工程总造价仅128亿美元，用钢量约为140kg/m²，被誉为省钢的记录和新一代高层建筑的先驱。主体结构由沿正方形平面周边和对角线布置的8榀平面巨型钢桁架形成的空间支撑体系组成，具有以下特点：

①在体型上采用了束筒的手法，单元筒体断面为三角形，有利于减少风荷载和避免横向风振。

②采用巨型空间桁架作为主要承重体系，由于桁架杆件受轴力，又没有剪力滞后，结构效能高，用钢省，刚度大。

③各巨型钢桁架交会于巨型钢骨混凝土立柱，落地的四角立柱底部截面最大达4.8m×4.1m，向上逐渐减小截面，其中埋置属于三个桁架平面的三根丁字形钢柱，这些钢柱是分离的，代替了传统的不同平面桁架杆件交汇于一个节点的做法，大大简化了制作和安装。用混凝土柱体现了充分利用混凝土抗压强度的思想，大量节约了钢材。正方形平面中心处的立柱由屋顶向下通到第25层结束而不落地。

④每13层设置一道水平桁架，将垂直荷载传给巨型桁架；水平荷载最后也都传到四角的巨型柱，并传至地下。

此外，在巨型桁架平面内还设有若干吊杆，将楼层荷载通过巨型桁架斜杆传给角柱。因此，四角巨型柱承受了全部垂直和水平荷载，柱的轴向压力加上柱的自重，增强了巨型桁架的抗倾覆能力。香港中国银行大楼可谓现代巨型桁架结构体系的典范。

(4) 台北101大楼

台北101大楼（原名台北国际金融大厦）于2003年建成，101层，楼高448m，到塔桅杆顶高508m，是当时世界上最高建筑，为钢结构，采用了巨型框架—核心筒结构体系，见图4-46。该结构地下5层，并有6层高的裙房，裙房的基础与主楼相连，地上部分与主楼断开。

初步设计时，对两种结构方案——筒中筒结构和巨型框架—核心筒结构进行了详细的方案比较。筒中筒结构的外框筒可以提高结构的抗扭刚度，但是密柱深

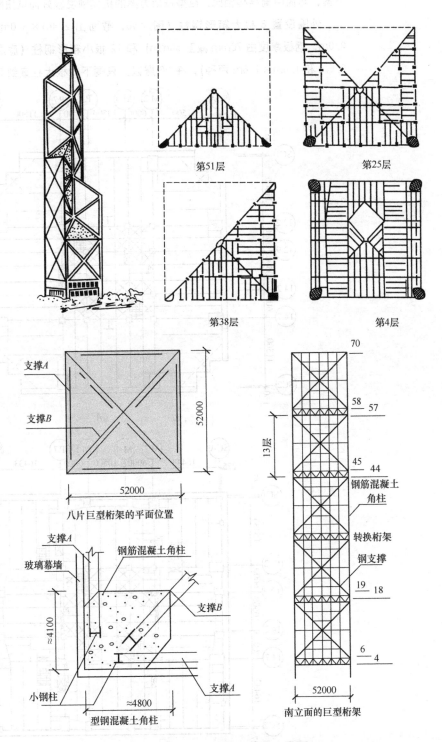

第51层

第25层

第38层

第4层

支撑A

支撑B

52000

52000

八片巨型桁架的平面位置

支撑A

玻璃幕墙

钢筋混凝土角柱

支撑B

≈4100

小钢柱

型钢混凝土角柱

≈4800

支撑A

70

58 57

13层

45 44

钢筋混凝土
角柱

转换桁架

钢支撑

19 18

6
4

52000

南立面的巨型桁架

图 4-45　香港中国银行大厦

梁增加了很多梁柱结构，现场焊接工作量大，用钢量比巨型框架—核心筒结构将
近大一倍，而且较难完全实现强柱弱梁的要求。最后确定采用巨型框架—核心筒

方案,与筒中筒结构相比,巨型框架方案的抗侧刚度较好而抗扭刚度略差。

外围设置 8 根大箱形钢柱 (图 4-46,截面由 2.4m×3.0m 缩小到 1.6m× 2.0m,钢板厚度由 70mm 减至 50mm) 和 12 根小箱形钢柱 (底层截面为 1.2m× 2.6m 和 1.6m×1.6m 两种),在 26 层以上只剩下 8 根大柱直到 90 层。为了提高

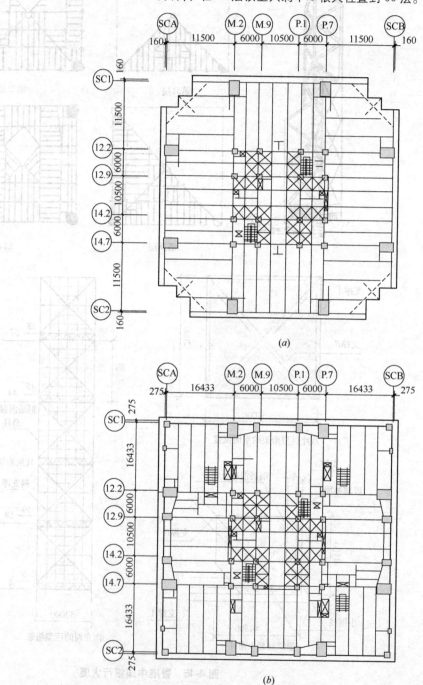

(a)

(b)

图 4-46 台北 101 大楼

(a) 2~9 层结构标准平面;(b) 27 层以上结构标准平面

柱的刚度，在62层以下，箱形钢柱内灌注10000psi（68.9MPa）的混凝土；从基础顶开始到26层为倾斜柱，设置3道巨型梁；27层以上为竖直柱，每隔8层设置1层楼高的巨型梁，并有水平桁架加劲，形成的巨型框架符合建筑节节高的形象要求，每8层为一节；90层以上，立面收缩，设斜撑格外柱连接到内筒柱。

内筒由16根箱形柱与斜撑形成桁架筒，延伸到95层，在9层以下钢柱与600mm厚的混凝土剪力墙浇筑成整体；96层以上退缩为4根柱子，为增加平面缩小后的结构刚度，从94层到99层在箱形钢柱内灌注10000psi（68.9MPa）的混凝土。

台湾的地震频繁，风荷载也很大，设计时充分考虑了风和地震的影响，按100年回归期的风和地震计算，同时进行了弹塑性分析，控制所有构件的延性要求。

按建筑进行了风洞试验，并详细进行了风舒适度的试验与计算，不考虑台风时大楼顶部办公室的加速度已达到6.2cm/s，达不到台湾地区舒适度要求，经过各种比较，最后采用了球形摆锤减振，在87~92层之间设置悬挂式重力摆锤（直径5.5m），也考虑了大地震时摆锤摆动可能过大，设置了阻止位移过大的阻尼系统。此外，为减小屋顶尖塔的鞭梢效应，在498~505m之间设置了两组共21t重的调质阻尼块。

该楼采用正方对称的巨型框架(Mega Frame)结构，以期在风力或地震力作用下获得最稳定的设计。

(5) 上海环球金融中心

上海环球金融中心大楼（图4-47），地面以上101层，高492m，采用由外围巨型支撑框架和核心筒组成的双重抗侧力结构体系（图4-48）。外围巨型支撑框架由巨型柱、巨型钢支撑和带状桁架组成。巨型柱位于建筑物的四角，柱内埋设钢骨；巨型钢支撑跨越12层高，箱形截面，内灌混凝土；每隔12层设置一道带状桁架，一层楼高，由焊接箱形截面和热轧宽翼缘型钢组成。核心筒79层以下为钢筋混凝土剪力墙，在角部墙内埋设钢骨；79层以上采用钢支撑，但端部的钢支撑外包混凝土；角部沿全高设置约束边缘构件。巨型柱与核

图4-47 上海环球金融中心大楼

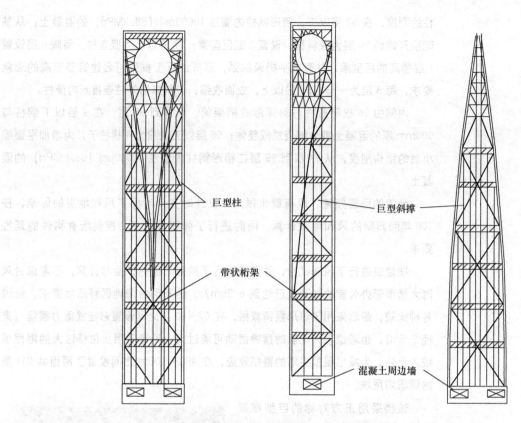

图 4-48 上海环球金融中心大楼抗侧力结构体系

心筒之间，设置三道伸臂桁架，桁架高三层，在设置伸臂桁架的楼层，核心筒的剪力墙内也设置钢桁架。结构按设防烈度下墙体、柱和支撑不屈服设计，限制小震作用下剪力墙的轴压比为 0.5，罕遇地震作用下墙体的剪压比不大于 0.15。静力弹塑性分析结果，在罕遇地震作用下，抗侧力结构中没有出现塑性铰。

Chapter 5 Multi-Storey and high-rise Steel Structures

第 5 章　多层和高层钢结构

第 5 章   多层和高层钢结构

　　钢结构建筑在我国发展较快，与国家的政策支持、技术基础及经济基础密不可分。住房城乡建设部已明确提出发展建筑钢材、建筑钢结构和建筑钢结构施工工艺的具体要求，使我国长期以来实行的"节约钢材"政策转变为"合理用钢"；在钢结构科研工作上，新颁布了一系列国家规程、标准和规范；对超高层建筑，虽然综合价格高出同类钢筋混凝土结构 4%～5%，但其抗震性能好，施工速度快而必须采用；且轻型钢结构、压型钢板拱壳结构的单位面积造价，与同类单层钢筋混凝土结构大体持平。这些都充分说明钢结构在我国具有广泛的发展前景。

　　多层、高层钢结构通常由型钢、钢管及钢板等制成的钢梁、钢柱、钢桁架等构件组成，各构件之间采用焊缝、螺栓或铆钉链接。钢结构常用于大跨度重型、轻型工业厂房，大型及超高公共建筑，特种高耸结构等各种建筑物及其他土木工程结构中。

5.1   多层和高层钢结构房屋的特点

　　钢结构建筑物与普通钢筋混凝土建筑相比，上部荷载轻、构件强度高、延性好、抗震性能强。从国内外震后调查结果看，钢结构建筑倒塌数量很少，这是目前钢结构广泛采用的主要原因之一。尤其是高层建筑采用钢结构其综合经济效益比混凝土结构优越。

　　多层、高层钢结构的主要特点如下：

　　(1) 自重轻钢材材质均匀，强度高，因而钢结构构件截面小、自重轻，比钢筋混凝土钢结构可减轻自重 1/3 以上，从而减小地基基础的荷载和运输、吊装的费用。

　　(2) 抗变形能力强，整体性好，抗风性能好，抗震性能好。钢结构具有良好的延性和韧性，一般情况下，地震作用可减少 40% 左右。

　　(3) 增加建筑有效使用面积。钢结构构件截面小，可减少钢结构占用空间面积，达到降低层高，增加使用面积的效果，比混凝土钢结构可增加建筑使用面积 3%～4%。

　　(4) 钢结构构件建造速度快。一般为工厂制作，现场安装，实施立体交叉作业，加快施工进度，比一般建设工期可缩短约 1/4～1/3。

　　(5) 钢结构可以回收利用。建筑寿命到期，结构拆除产生的固体垃圾少，对环境污染较少。

　　(6) 钢结构耐腐蚀性能差，特别是在潮湿和腐蚀性介质的环境中，容易锈蚀。一般钢结构要除锈、镀锌或涂料，且要定期维护。

(7) 防火性能差，钢构件表面应做专门的防火涂料防护层。

5.2 多层、高层钢结构设计原则

5.2.1 体型设计

(1) 平面设计

采用钢结构的建筑，平面形状宜简单、规则、对称。尤其是高层建筑，高度一般在 100m 以上，为了控制结构侧移和风振加速度，建筑平面应该尽量选择方形、矩形、圆形、正六边形、正八边形和椭圆形等双轴对称的平面形状（图 5-1）。

楼面平面形状不对称，高层建筑在风荷载作用下就会发生扭转振动。大风作用下，为了不让高层建筑的摇晃导致居住者感到不适，就必须控制结构的顺风向和横风向振动加速度。更重要的是，对处于地震区的高层建筑，水平地

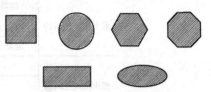

图 5-1　高层建筑对称平面

震作用的分布取决于质量分布，为使楼层水平地震作用沿平面分布均匀，避免引起结构的扭转振动，楼层平面更应采用图 5-1 所示的简单平面。

(2) 立面设计

位于地震区的多层、高层钢结构建筑，其立面形状也应该采用矩形、梯形或者三角形等沿高度均匀变化的简单几何图形。避免采用楼层平面尺寸存在剧烈变化的阶梯形立面，更不能采用由上而下逐步收进的倒梯形建筑。因为立面形状的突然变化，必然带来楼层质量和抗推刚度的剧烈变化。地震时，突变部位就会因剧烈振动或塑性变形集中效应而使破坏程度加重。

(3) 钢结构房屋的最大高度应符合表 5-1 的规定：

钢结构房屋适用的最大高度（m）　　　　　　　　　　表 5-1

结构类型	6、7度	8度	9度
框架	110	90	50
框架—支撑（抗震墙板）	220	200	140
筒体（框筒、筒中筒、桁架筒、束筒）和巨型框架	300	260	180

注：1. 房屋高度指室外地面到主要屋面板板顶的高度（不包括局部突出屋顶部分）；

2. 超过表中高度的房屋，应进行专门研究和论证，采取有效的加强措施。

(4) 房屋高宽比

房屋高宽比是指房屋总高度与房屋底部顺风（地震）向宽度的比值。它的数值大小直接影响到结构的抗推刚度、风振加速度和抗倾覆能力。如果房屋的高宽

比值较大，结构就柔，风或者地震作用下的侧移就大，阵风引起的振动加速度就大，结构的抗倾覆能力就低。所以，进行高层建筑钢结构的抗风和抗震设计时，房屋的高宽比应得到控制。

根据国内外的工程经验，对钢结构、型钢混凝土结构和混凝土－钢结构高层建筑的高宽比限制如表5-2，可供工程设计参考使用。

高层钢结构、组合结构建筑高宽比的适宜限制 表 5-2

结构类型	结构体系	非抗震设计	抗震设防烈度		
			6度、7度	8度	9度
钢结构	框 架	5	5	4	3
	框－撑、框－墙	6	6	5	4
	各类筒体	6.5	6	5	5
混凝土－钢结构	混凝土墙－钢框架	5	5	—	—
	混凝土芯筒－钢框架				
	混凝土芯筒－钢框筒	6	5	5	—
型钢混凝土结构	框 架	5	5	4	3
	框－墙	5.5	5	5	4
	各类筒体	6	6	5	5

5.2.2 结构布置

(1) 抗侧力构件的选用

抗震设防区，多层钢结构建筑，地震荷载将起到决定性的作用。在高层钢结构建筑中，水平荷载和地震作用是主要的控制荷载。因此，抗侧力结构的设计是建筑结构设计的关键所在。在高层钢结构建筑中，可根据具体情况选用轴交支撑、偏交支撑、型钢混凝土板墙、钢筋混凝土剪力墙或钢板剪力墙等作为主要的抗侧力构件，以提高结构的抗推刚度。

轴交支撑属于轴力杆系，在弹性工作状态，保持斜杆不发生侧向屈曲的情况下，具有较大的抗推刚度。轴交支撑一般用于抗风结构，也可用于设防烈度较低的抗震结构。当高层建筑的设防烈度较高，并采用偏交支撑作为抗侧力构件时，楼层底部几层常改用轴交支撑，以减小结构的变位。

偏交支撑和竖缝墙板，在弹性阶段具有较大的抗推刚度，在弹塑性阶段具有良好的延性和耗能能力，很适合用于较高设防烈度的抗侧力构件。

对于框架—芯筒体系、筒中筒体系以及沿楼面核心区周边布置竖向支持或抗剪墙板的框—撑体系和框墙体系，宜在顶层及每隔若干层沿纵、横方向设置刚臂（图5-2）。使外柱参与结构整体抗弯，减轻外框筒的剪力滞后效应，增加整个结构抵抗侧力的刚度和承载力。

(2) 抗侧力构件的平面布置

高层钢结构建筑的动力特性取决于各抗侧力构件的平面布置。为使各构件受力均匀，获得抵抗水平荷载的最大承载力，抗侧力构件沿平面纵、横方向的布置应符合下列基本要求：

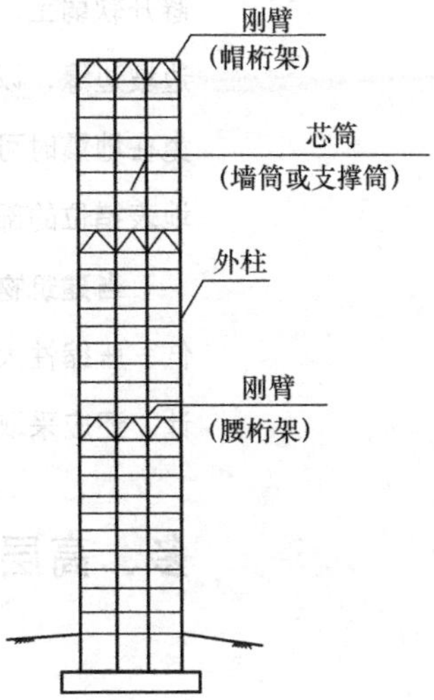

1）进行抗侧力构件的布置时，应使各楼层抗推刚度中心与楼层水平剪力的合力中心相重合，以减少结构的扭转振动效应；

2）框筒、墙筒、支撑筒等抗推刚度较大的芯筒，在平面上应居中或对称布置；

3）具有较大受剪承载力的预制钢筋混凝土

图 5-2 连接内外构件刚

刚臂（帽桁架）
芯筒（墙筒或支撑筒）
外柱
刚臂（腰桁架）

墙板，应尽可能由楼层平面中心部位移至楼层平面周边，以提高整个结构的抗倾覆和抗扭转能力；

4）建筑的开间、进深应尽量统一，以减少构件规格，便利制作和安装；

5）构件的布置以及柱网尺寸的确定，应避免钢柱的截面尺寸过大、过厚，焊接困难。钢板厚度一般不宜超过 100mm。

在进行平面结构设计时避免不规则情况。无法避免时，应对不规则结构进行精细的作用效应的计算，合理确定薄弱部位以及复杂传力途径中各构件内力，并采用针对性的构造措施。

(3) 抗侧力构件的竖向布置

对于地震区的高层建筑，抗侧力构件沿高度方向布置时应符合：

1）各抗侧力构件所负担的楼层质量沿高度方向无剧烈变化；

2）沿高度方向，各抗侧力构件是连续的，并位于同一竖直线上；

3）由上而下，各抗侧力构件的抗推刚度和承载力逐渐加大，并与各构件所负担的水平剪力、弯矩和轴力成比例的增大。

对于竖向不规则结构，在进行结构地震作用效应计算时，应对结构进行弹塑性时程分析，合理确定柔弱楼层的塑性变形集中效应，采取增大柔弱楼层结构延性的措施，提高其变形能力。

5.2.3　场地选择

对于建筑场地，应选择坚硬土或开阔平坦、密实均匀的中硬土等有利地段；

避开软弱土、液化土、条状突出的山嘴、高耸孤立的山丘、非岩质陡坡、河岸和边坡边缘，以及平面分布上成因、岩性、状态明显不均匀的土层等不利地段；避免在地震时可能发生滑坡、崩塌、地陷、地裂、泥石流及地震断裂带上可能发生地表错位的部位建设。

当建筑物地基的主要受力层范围内存在软弱黏性土层时，由于其容许承载力低、压缩性大，因此房屋不均匀沉降大。为确保建筑物安全，除做好地基基础设计，还应采取适当抗震措施。

5.3　多、高层钢结构的基本构件

5.3.1　钢柱与钢梁

钢柱与钢梁刚性连接时形成钢框架结构；当在建筑中有足够的抗侧力构件如抗震墙、核心筒等，梁与柱可以铰接。

(1) 钢柱的形式可以是普通型钢、工字钢、槽钢、角钢等形成的实腹钢柱或格构式钢柱、宽翼缘 H 型钢、焊接方形或矩形钢管、无缝钢管等（图 5-3）。

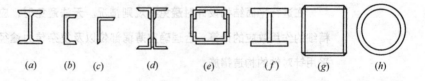

图 5-3　钢柱截面形式示意图

(a) 普通工字钢；(b) 槽钢；(c) 角钢；(d) 实腹钢柱；(e) 格构式钢柱；

(f) 宽翼 H 型钢；(g) 焊接钢箱型柱；(h) 无缝钢管

(2) 钢梁的形式。可直接采用工字钢、槽钢（一般用于次梁），当跨度较大时，应采用宽翼 H 型钢、实腹钢梁（图 5-3$a\sim d$ 实腹钢柱），焊接箱形梁（图 5-3$e\sim h$）。

5.3.2　钢框架结构中的支撑

当多层和高层钢结构房屋采用框架结构时，为了提高结构的抗侧能力，在柱间设置柱间支撑，支撑的形式有：

(1) 中心支撑。支撑与框架梁柱节点的中心相交，见图 5-4。

(2) 偏心支撑。支撑底部与梁柱节点的中心点相交、上部偏离梁柱节点与框架梁相交，见图 5-5。

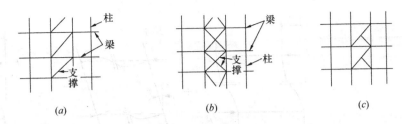

图 5-4 中心支撑示意图

(a) 单斜杆支撑；(b) 中心交叉支撑；(c) 人字支撑

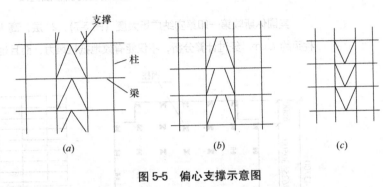

图 5-5 偏心支撑示意图

(a) 人形支撑；(b) Ⅱ形偏心支撑；(c) Ｖ形支撑

5.4 多、高层钢结构的结构类型、适用范围及基本要求

5.4.1 钢框架结构

钢框架结构体系是指沿房屋的纵向和横向采用钢梁和钢柱组成的框架结构来作为承重和抵抗侧力的结构体系。其优点是：能提供较大的内部使用空间，建筑平面布置灵活，适应多种类型的使用功能；结构简单，构件易于标准化和定型化；施工速度快，对层数不多（30 层左右）的高层结构而言，框架体系是一种比较经济合理、运用广泛的结构体系。

框架体系的抗推刚度，主要取决于组成框架的梁和柱的构件抗弯刚度。框架在水平力作用下，竖向构件的柱和水平构件的梁内均引起剪力和弯矩，这些力使梁、柱产生变形。每一楼层，柱上下端的剪切和弯曲变形图所引起的垂直于杆轴的位移 δ'，直接构成框架的侧移，如图 5-6 (a)；梁的竖向弯曲变形引起框架节点的转动 ϕ_i，间接地引起框架的侧移 δ''_i，如图 5-6 (b)，两者之和就是框架在水平力作用下的侧移（图 5-6c）。由此可以看出，框架的抗侧力能力主要决定于梁和柱的受弯能力，要提高梁、柱的受弯能力和刚度，只有加大梁、柱的截面。截面过大，就会失去其经济合理性，因此纯钢框架结构不可能造得很高。

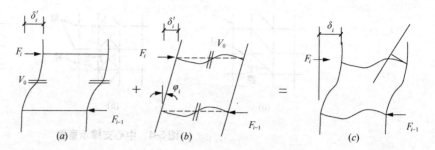

图 5-6　框架结构的侧移及组成

美国休斯敦第一印第安纳广场大厦（图 5-7），29 层，高 121m，采用钢框架体系，柱距约 7.6m。经过计算分析，不仅能有效地抵抗风力，而且也能满足抗震要求。

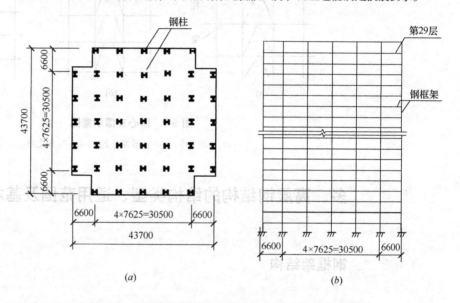

图 5-7　美国休斯敦第一印第安纳广场大厦平面及立面

5.4.2　框架—支撑结构

当纯框架体系在风、地震作用下侧移不符合要求时，可以采用带支撑的框架，即在框架体系中，沿结构的纵、横两个方向均布置一定数量的支撑，形成框架支撑结构体系，简称为框撑结构体系。在这种结构体系中，框架布置原则和柱网尺寸，基本上与框架结构体系相同，支撑沿楼面中心部位服务面积的周围布置，沿纵向布置的支撑和沿横向布置的支撑相连接，形成一个支撑芯筒。

框撑结构采用由轴向受力杆件形成的竖向支撑，取代了由抗弯杆件形成的框架结构，获得更多的抗推刚度。

在框—撑体系中，框架是剪切型构件，底部层间位移大，支撑为弯曲型，底部层间位移小，两者并联，可以明显减小建筑物下部的层间位移（图 5-8）。

框—撑体系的抗推刚度比框架体系要大，这是由于框架和支撑的变形协调，使整个结构体系的最大侧移角有所减小。在相同侧移限值标准的情况下，框撑结构体系可以用于比框架结构体系更高的房屋，一般用于 40 层以下的楼房。

纽约的 35 层所罗门大楼（图 5-9），沿房屋中央电梯井的四周设置竖向支撑，每片竖向支撑的宽度为两个开间，全宽为 19.5m，沿房屋全高设置。

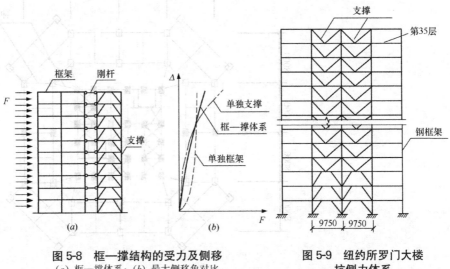

图 5-8　框—撑结构的受力及侧移　　　　图 5-9　纽约所罗门大楼
(a) 框—撑体系；(b) 最大侧移角对比　　　　　　抗侧力体系

框—撑结构中若支撑的高宽比太大，抗侧力效果会显著降低，不能满足要求。对于这种情况，应该沿竖向支撑所在平面，在房屋顶层以及每隔 12 层左右，沿房屋纵向和横向全宽，设置一层楼高的加劲桁架（伸臂桁架和周边桁架），使内部支撑与外圈框架柱为一体，即房屋外圈柱参与结构体系的整体抗弯，从而提高框撑结构体系的抗侧力强度和刚度。

图 5-10 表示框撑体系的侧移和构件变形状态，采用这种结构体系的实际工程

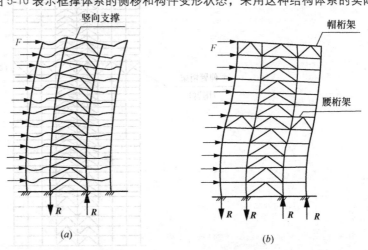

图 5-10　框—撑体系的侧移和杆件变形

(a) 无加劲桁架；(b) 有加劲桁架

的上海锦江饭店分馆（图 5-11），地上 43 层，高 153m。平面为方形，采用框—撑体系，柱网为 8m。塔楼核心部分的框架间设置竖向 K 形支撑和钢板剪力墙（图 5-12）。图 5-13 为美国第一威斯康星州中心大楼，也采用了这种结构体系。

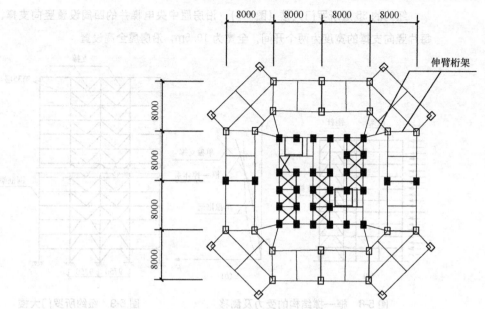

图 5-11　上海锦江饭店分馆标准层平面

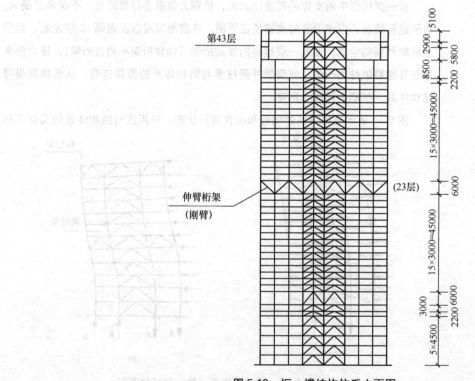

图 5-12　框—撑结构体系立面图

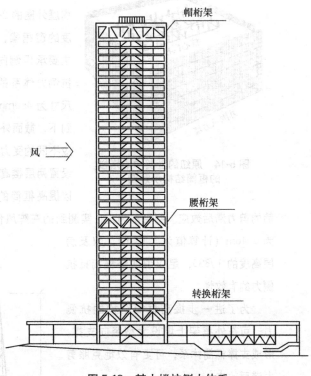

图 5-13 某大楼抗侧力体系

帽桁架

风 ⟹

腰桁架

转换桁架

5.4.3 框筒结构体系

为了主体结构更具有抗侧力，可使上述抵抗侧力的主体结构的尺寸，达到房屋的全宽，将房屋外圈的竖向构件成为抗推结构的主要组成部分。对钢结构来说，衍生出采用密排钢柱和较大截面高度的窗裙钢梁而形成的框架简体，由此形成超高层建筑的框筒结构体系。

框筒结构在侧向荷载作用下，由于作为腹板的框架横梁的剪切变形，使得翼缘和腹板框架柱中轴力呈非线性分布，这种现象称为剪力滞后效应。剪力滞后效应使得房屋的角柱要承受比中柱更大的轴力，并且结构的侧向挠度将呈现明显的剪切型变形。

因此，要求框架柱的间距尽可能地小，框架梁具有较大的截面高度，使框筒的抗侧力性能基本上等同实墙筒体，具有最大的抗推刚度和强度；框筒的钢柱，在框架平面内需要具有较大的杆件剪弯刚度，不发生在普通框架中所出现的杆件剪弯变形，使框筒中各钢柱的轴向压力或拉力与到中和轴的距离成正比，呈线性变化。

采用此结构的原纽约世贸中心双塔，由两幢 110 层方形塔楼和裙房所组成。

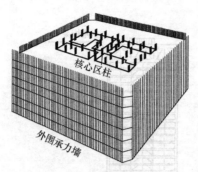

核心区柱

外围承力墙

**图5-14　原纽约世贸中心塔楼
的框筒结构示意图**

塔楼高411m，曾经是世界第二号最高建筑。房屋外圈的240根密排柱和具有较大截面高度的窗裙梁，共同形成外框筒（图5-14）。主要承担侧向力，从而最大限度地减小了抗侧力体系的高宽比。外圈柱子采用截面尺寸为450mm×450mm的管状截面，从上到下，截面外形尺寸不变，靠改变壁厚来适应不同的受力条件。沿房屋高度每隔32层，设置两层楼高的设备层，作为大楼的腰梁，以提高框筒的竖向刚度和整体性，减少框筒的剪力滞后效应。到目前为止，实测到的在阵风作用下的房屋顶点最大侧移值为0.46m（计算值为1.02m），仅及房屋高度的1/890，足以说明外框筒抵抗侧力的有效性。

为了进一步提高框筒结构的抗侧力，可在外框架上增设大型竖向支撑，形成支撑框筒体系，可更有效地克服剪力滞后效应。

如图5-15美国芝加哥的100层332m高的汉考克大厦，建筑外形为一个矩形截锥体，采用了这种新型支撑框筒结构体系，使结构受力条件进一步得到改善。底层平面为79.2m×48.7m，顶层平面为48.6m×30.4m。尽管外圈框筒的柱距，最大尺寸达到13.2m，由于沿框筒周圈布置了大型交叉支撑，框架的剪力滞后效应基本上被消除，翼缘框架的各柱受力均匀，腹板框架各柱的轴力基本上呈线性分布。说明支撑框筒能够充分发挥筒体的整体抗弯作用，是一个良好的空间结构。

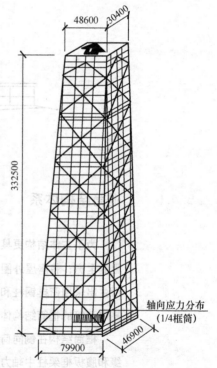

48600　30400

332500

轴向应力分布
（1/4框筒）

79900　46900

图5-15　汉考克大厦的支撑框筒体系

5.4.4　筒中筒结构体系

筒中筒结构体系是由内外设置的几个筒体，通过有效的连接组成一个共同工作的骨架体系，这种体系一般是利用建筑中心部分服务竖井的可封闭性，将结构核心部分做成密排柱框架内筒，并与外筒通过各层楼面梁板的联系形成一个能共同受力的空间筒状骨架。由于筒中筒结构体系的内外筒体共同承受侧向力，所以结构的抗侧刚度很大，能承受很大的侧向力。

筒中筒体系与框筒体系相比，除了增加一个内筒以提高结构的总抗推刚度，更主要的是可显著减少剪力滞后效应。在水平荷载下，内框筒的剪切变形与整体弯曲比外框筒小得多，内框筒更接近于弯曲型构件，因此，结构下部各层的层间侧移因内框筒的设置而显著减少。

此外在顶层以及每隔若干层，沿内框筒的 4 个面设置伸臂桁架，加强内外筒的连接，使外框筒翼缘框架柱发挥更大的作用，以消除外框筒剪力滞后效应所带来的不利影响，从而进一步提高整个结构的整体受弯能力。

上海国际贸易中心大楼，采用筒中筒体系，建筑面积为 90000m²，高 140m。标准楼层平面如图 5-16 所示。内外筒的柱距为 3.2m。地下室为型钢混凝土结构，其中型钢柱采用两

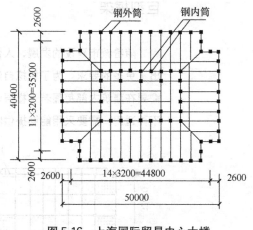

图 5-16　上海国际贸易中心大楼

个工字钢拼焊成的十字形截面。地上为全钢结构，采用方管钢柱、工字形截面框架梁焊接而成。

5.4.5　束筒结构体系

将几个筒体并列组合在一起形成的结构整体称为束筒结构体系。

美国芝加哥的西尔斯大厦采用的束筒，底部尺寸为 68.6m×68.6m，在房屋内部，沿纵向和横向各设置两道密排柱框架，将一个大框筒分隔成 9 个截面尺寸为 22.9m×22.9m 的子框筒，即框筒单元（图 5-17a）。到第 51 层时，减去对角线

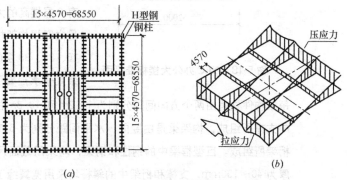

(a)　　　　　　　　　　　　(b)

图 5-17　西尔斯大厦的束筒体系

(a) 结构平面；(b) 风荷载下框筒柱的轴力分布曲线

的两个框筒单元，到第 66 层时，再减去另一对角线上的两个框筒单元，到第 91 层以上时，则仅保留两个框筒单元。整体建筑的高宽比为 6.6。由于采用束筒体系，减少了框筒翼缘框架的无支承宽度，框筒的整体刚性得到了保证。

计算结果表明，剪力滞后效应降低到很小数值（图 5-17b），结构整体性进一步提高。筒束在设计风荷载下的计算层间侧移仅为 7.6mm。塔楼的基本周期为 7.8s，短于原世界贸易中心大楼（高 412m）的基本周期（10s）。

5.4.6　巨型框架

随着城市建设的发展，人们对建筑外形、建筑功能、建筑空间和建筑环境提出了更多的要求。为了模拟自然，改善内部办公条件，有效地利用较大内部空间，需要在建筑内部每隔若干楼层设置一个庭园。这样的建筑布置使以往的结构体系不再适用，需要采用能够提供特大空间的巨型框架体系。

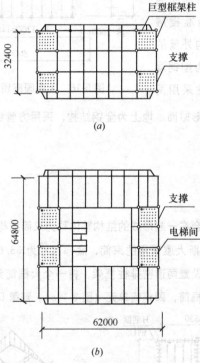

图 5-18　NEC 办公大楼标准平面

巨型框架与普通框架不同之处在于它的梁和柱是格构式立体复合构件。巨型框架的"柱"，一般是布置在房屋的四角。多于四根时，除角柱外其余柱沿房屋的周边布置。巨型框架的"梁"，一般每隔 12～15 个楼层设置一根，其中间的楼层是仅承受重力荷载的一般小框架。由于巨型框架体系的"柱"是布置在房屋四角，所以巨型框架比多根柱沿周圈布置的框筒体系具有更大的抗倾覆能力。

日本千叶县的 NEC 办公大楼选用了巨型框架结构体系见图 5-18。设计时要求是在底层到 13 层之间设置内部大庭园；13 层到 15 层之间设置横贯整个房屋的具有 3 层楼高的大开口。该体系中的主框架是由四根构架柱和分别布置在地下室及第 16、27、38 层的 4 根构架梁所组成，主框架几乎承担着整个建筑的全部侧向荷载。

每根构件柱是由两个方向间距分别为 11.2m 和 10.8m 的 4 根钢柱及 4 片人字形竖向支撑所组成，构架梁是由竖向、水平间距分别为 6.1m 和 10.8m 的 4 根钢梁及桁架所组成。巨型框梁中的钢柱和钢梁，均采用截面尺寸为 1m×1m 的管柱，壁厚为 40～100mm，支撑和桁架中的斜杆均采用宽翼缘工字钢。巨型框架结构体系中的次框架，为一般性的刚接框架，柱网尺寸为 7.4m×10.8m，梁和柱均采用宽翼缘工字钢截面，节点采用刚性连接。

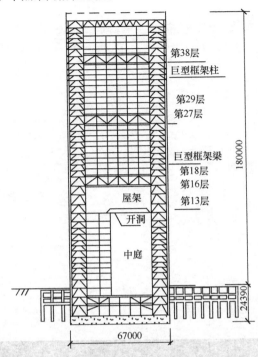

图 5-19　NEC 办公大楼巨型框架剖面

5.5　钢结构的楼盖

对于不超过 12 层的钢结构可采用装配整体式钢筋混凝土楼板、装配式楼板或其他轻型楼盖，一般宜采用压型钢板现浇钢筋混凝土组合楼板或非组合楼板。

对于超过 12 层的钢结构宜采用压型钢板现浇混凝土的组合楼板或非组合楼板，亦可采用现浇楼板。

当考虑压型钢板与现浇混凝土共同作用（即代替部分板的受拉钢筋）时，称为组合楼板；当不考虑压型钢板与现浇混凝土共同作用，只作为现浇混凝土的模板时，称为非组合楼板（图 5-20）。

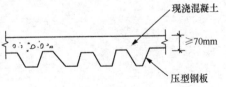

图 5-20　压型钢板现浇混凝土组合或非组合楼板示意图

采用压型钢板钢筋混凝土组合或非组合楼板和现浇钢筋混凝土时，应与钢梁有可靠连接。采用装配式、装配整体式或轻型楼板时，应将楼板预埋件与钢梁焊接，或采取其他保证楼盖整体性的措施。对超过 12 层的钢结构，若楼板厚度较薄，楼盖的长宽比较大时，可在楼层处设置水平支撑。当楼板跨度较大时，应加设钢次梁。

Chapter 6 Arch structures

第 6 章　拱　结　构

第6章　拱结构

在房屋建筑和桥梁工程中，拱结构是一种传统的大跨度结构形式。由于拱结构受力性能较好，能够利用砖、石和混凝土等脆性材料的抗压性能，实现梁式结构难以实现的大跨度，并且能获得较好的经济和建筑效果。拱式结构适用于宽敞的大厅，如展览馆、体育馆、商场等公共建筑。

6.1　拱结构的特点

拱是一种有推力的结构，它的主要内力是轴向压力。从图 6-1 可以看出，梁在荷载 P 的作用下，要向下挠曲；拱在同样荷载作用下，拱脚支座产生水平反力 H（即推力）。它起抵消荷载 P 引起的弯曲作用，从而减少了拱杆的弯矩峰值。

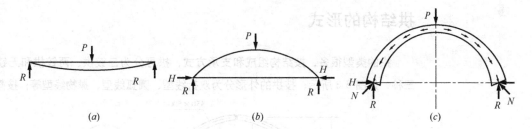

图 6-1　拱与梁的受力分析

(a) 简支梁受力特点；(b) 拱的受力特点；(c) 拱的传力路线示意

一般情况下，结构受外力的传递路线越短，也就是外力越是能够直接地传到基础，结构就越经济，落地拱就是这样的一种结构。

以三铰拱为例，说明拱的受力状态，见图 6-2。从结构力学中我们知道，拱杆任意截面的内力为：

$$M = M^0 - H \cdot y$$
$$N = V^0 \cdot \sin\phi + H \cdot \cos\phi \tag{6-1}$$
$$V = V^0 \cdot \cos\phi - H \cdot \sin\phi$$

式中　M^0 与 V^0 为相应简支梁的弯矩和剪力。

从以上公式可以看出：拱杆截面的弯矩小于相应简支梁的弯矩。而且水平推力 H 与 y 的乘积愈大拱杆截面的弯矩值愈小。因此，在一定的荷载作用下，我们可以改变拱的轴线（合理拱轴）使拱杆各截面的弯矩为零，这样拱杆各截面就只受轴向力作用。

由于拱结构的内力主要是压力，我们便可以利用抗压性能良好的混凝土、砖、

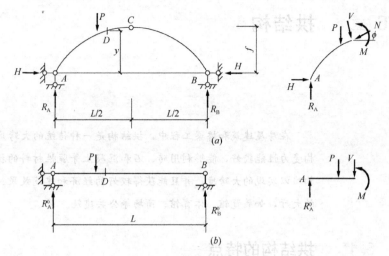

图 6-2 三铰拱的受力分析

(a) 三铰拱；(b) 简支梁

石等材料建造跨度较大的结构。在实际工程中，钢筋混凝土拱应用较广泛，此外还有钢桁架拱和木桁架拱等等。

6.2 拱结构的形式

拱的类型很多，按结构组成和支承方式，拱可分为三铰拱、两铰拱和无铰拱三种，如图 6-3 所示；按拱的外形分为双折线型、圆弧线型、抛物线型等；按截面

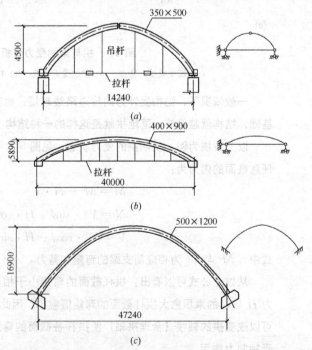

图 6-3 拱的形式

(a) 三铰拱；(b) 两铰拱（武汉体育馆）；(c) 无铰拱（北京体育大学田径房）

形式可分为等截面拱和变截面拱；按构件形式可分为实心拱和格构拱等等。

6.3 拱结构的主要尺寸

合理的拱结构是应该使拱在荷载作用下处于无弯矩状态。由于结构承受的荷载是多种多样的，实际很难找出一条绝对合理的拱轴来适应各种荷载，故只能根据主要荷载来确定合理的拱轴，使拱身能尽量减少弯矩，主要承受轴力，就是拱的合理轴线。按照这个原则，拱的合理轴线为二次抛物线。房屋建筑中的拱结构就是采用这种拱轴曲线。二次抛物线的拱轴方程为：

$$y = \frac{4f}{l^2} \cdot x \cdot (l - x) \tag{6-2}$$

式中　f——拱的矢高；

　　　l——拱的跨度。

从上式可见，拱结构的主要尺寸是指确定拱的矢高和拱的跨度两个尺寸，矢高 f 不同，拱轴形状不同，而且还影响拱身轴力和拱脚推力的大小。矢高小时，拱身轴力大而且拱脚水平推力也大；矢高大时，虽然拱身轴力和拱脚推力都会小，但拱身的长度增大，建筑空间也大。

拱的矢高应考虑建筑空间的使用、建筑造型、结构受力、屋面排水构造要求和合理性来确定。

(1) 矢高应满足建筑使用功能和建筑造型的要求。矢高决定了建筑物的体量、建筑内部空间的大小，特别是对于散料仓库，体育馆等建筑，矢高应满足建筑使用功能上对建筑物的容积、净空、设备布置等要求。同时，矢高直接决定拱的外形，因此，矢高必须满足建筑造型的要求。

(2) 矢高的确定应使结构受力合理。由前面对三铰拱结构受力特点的分析可知，拱脚水平推力的大小与拱的矢高成反比，当地基及基础难以平衡拱脚水平推力时，可通过增加拱的矢高来减小拱脚水平推力，减轻地基负担，节省基础造价。但矢高大，拱身长度增大，拱身及其屋面覆盖材料的用量将增加。

(3) 矢高的确定应考虑屋面做法和排水方式。对于瓦屋面及构件自防水屋面，要求屋面坡度较大，则矢高较大。

合理矢高的大小，可在 $f = \left(\frac{1}{5} \sim \frac{1}{2}\right) l$ 的范围内选择。用于屋盖结构一般取 $f = \left(\frac{1}{10} \sim \frac{1}{5}\right) l$。

拱的跨度的确定也应考虑建筑使用要求和结构合理性要求。用于公共建筑，跨度一般为 30～40m，最大可达 95～200m，经济跨度为 80～100m。

6.4　拱结构屋盖布置

拱结构一般跨度 40~60m 时，拱间距 6~10m；跨度 70~120m 时，拱间距 9~15m，采用相距 3~6m 的成对拱。

拱为平面受压或压弯结构，因此，拱结构屋盖布置必须设置横向支撑并通过檩条或大型屋面板体系来保证拱在轴线平面外的受压稳定性，为了增强结构的纵向刚度，传递作用于山墙上的风荷载，还应设置纵向支撑与横向支撑形成整体 (图 6-4)。

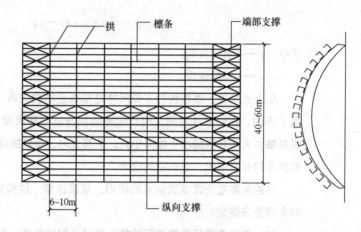

图 6-4　拱的支撑系统

6.5　拱结构支座处理

因为拱是推力结构，所以拱脚支座应能可靠地传递和承受水平推力，否则拱的结构力学性能将无法保证。解决这一问题，一般可采取下列结构措施。

(1) 由拉杆承受推力

这种结构方案的布置如图 6-5 所示。它既可用于搁置在墙、柱上的屋盖结构，也可用于落地拱结构。水平拉杆所承受的拉力等于拱的推力，两端自相平衡，与外界之间没有水平向的相互作用力。这种结构方式既经济合理，又安全可靠。当作为屋盖结构时，支承拱式屋盖的砖墙或柱子不承受拱的水平推力，整个房屋结构即为一般的排架结构，屋架及柱子用料均较经济。该方案的缺点是室内有拉杆

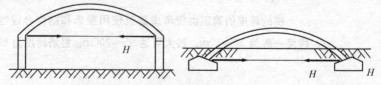

图 6-5　拱脚水平推力由拉杆承担

存在，房屋内景欠佳，若设吊顶，则压低了建筑净高，浪费空间。对于落地拱结构，拉杆常做在地坪以下，这可使基础受力简单，节省材料，当地质条件较差时，其优点更为明显。

水平拉杆的用料，可采用型钢（如工字钢、槽钢）或圆钢，视推力大小而定。也可采用预应力混凝土拉杆。

（2）由侧面框架承受推力

如图 6-6 所示，这种方案要求拱结构侧面的框架必须具有足够的刚度以抵抗拱的水平推力，而且框架柱的基底不允许出现拉应力。采用这种结构方案时，中跨拱式屋盖常为两铰拱或三铰拱结构，拱把水平推力和竖向荷载作用于框架结构上。

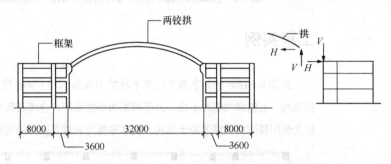

图 6-6　拱脚水平推力由侧边框架承担（北京崇文门菜市场）

（3）由基础承受推力

对于落地拱，当地质条件较好或拱脚水平推力较小时，拱的水平推力可直接作用在基础上，通过基础传给地基。为了更有效地抵抗水平推力，防止基础滑移，也可将基础底面做成斜坡状，如图 6-7 所示。

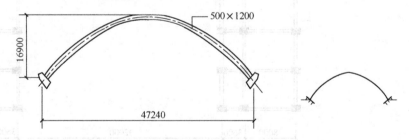

图 6-7　落地拱（北京体育学院田径房）

（4）由刚性水平构件承受推力

这种结构方案的布置如图 6-8 所示。它需要有水平刚度很大的、位于拱脚处的天沟板或副跨屋盖结构作为刚性水平构件以传递拱的推力。拱的水平推力作用在刚性水平构件上，通过刚性水平构件传给设置在两端山墙内的总拉杆来平衡。因此，天沟板或副跨屋盖可看成是一根水平放置的深梁，该深梁以设置在两端山墙内的总拉杆为支座，承受拱脚水平推力。当该梁在其水平面的刚度足够大时，可认为柱子不承担水平推力。这种方案的优点是立柱不承受拱的水平推力，柱内力较小，两端的总拉杆设置在房屋山墙内，建筑室内没有拉杆，可充分利用室内建筑空间，效果较好。

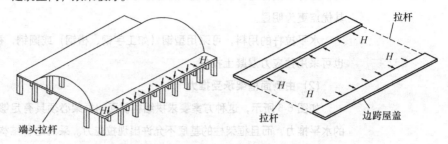

图 6-8　拱脚水平推力由山墙内的拉杆承担（北京展览馆电影厅）

6.6　工程实例

如图 6-9 所示的北京崇文门菜市场的中间为 32m×36m 营业大厅，屋顶采用两铰拱结构，上铺加气混凝土板。大厅周围为小营业厅、仓库及其他用房，采用框架结构。拱为装配整体式钢筋混凝土结构，其水平推力和垂直压力由两侧的框架承受。

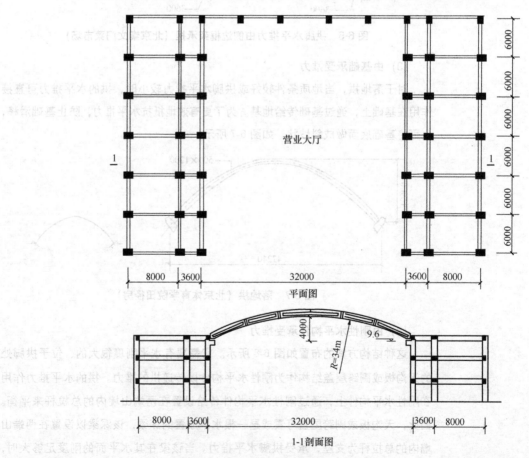

图 6-9　北京崇文门菜市场

为了施工方便，拱轴采用圆弧形，圆弧半径 34m，矢高 4m，$\frac{f}{l} = \frac{1}{8}$，如图 6-10 所示拱轴 a，高垮比比较小，这是建筑外形要求决定的。采用这一高垮比，矢高小，拱的推力大，框架的内力也相应增大，因此材料用量增加。若矢高改为 $f = \frac{l}{5} = 6.4\text{m}$，相应的拱轴半径为 23.2m，圆弧形式如图 6-10 所示拱轴 b，则拱的推力可减少 60% 左右，但建筑外形不大好；同时屋面根部坡度大，对油毡防水不利。经分析比较，最后决定矢高为 4m。

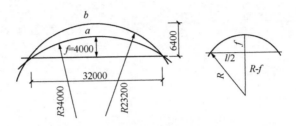

图 6-10　拱的轴线形状选择

Chapter 7 Rigid frame Structures

第 7 章 刚 架 结 构

第7章　刚架结构

梁柱刚性连接的结构称为刚架。刚架结构的柱脚可以刚接，也可以铰接。

刚架是以横向受弯为主的结构，有轴力，但是以弯矩为主。梁柱刚接的相互约束减少了梁跨中弯矩和柱内的弯矩。

7.1　刚架结构的特点

由于是刚性连接的节点，横梁弯矩比铰接情况下（排架）的弯矩小（图 7-1），故刚架结构能够适用于较大的跨度。结构上与框架属一类结构问题，不过在大跨度建筑屋盖上的应用，主要为门式刚架的形式。门式刚架的杆件较少，结构轻巧，节省材料，制作方便，而且结构内部空间较大，便于利用，故被广泛的应用于中小型厂房、体育馆、礼堂、食堂等中、小跨度的建筑中。一般钢筋混凝土门式刚架跨度可达 40m 左右。由于门式刚架刚度较差，受荷后产生挠度，故用于工业厂房时，吊车起重量不宜超过 10t。

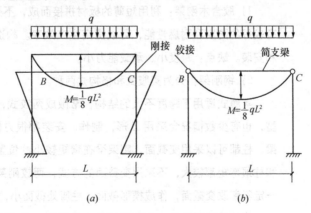

图 7-1　刚性连接与铰接的弯矩比较

7.2　刚架结构的形式

单层刚架的分类方法很多，具体可以归结为以下三类。

（1）按结构形式分类

1）无铰刚架：如图 7-2（a）所示，是三次超静定结构，刚度好，结构内力小，但是基底内力大，有轴力、剪力、弯矩，需要的基底面积大，因此基础造价高；如果地质条件较差，地基会产生不均匀沉降，刚架内会产生附加内力，基础受力会更加复杂，因此地质条件较差的时候应尽量不采用无铰刚架。

2）两铰刚架：如图 7-2（*b*）所示，是一次超静定结构，刚架内弯矩比无铰刚架大，由于柱脚与基础铰接，因此基底有轴力、剪力，没有弯矩，基础有转角对刚架内力也没有影响，需要的基底面积小，可以节约基础造价；如果地质条件较差，地基会产生不均匀沉降，刚架内会产生附加内力。

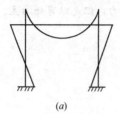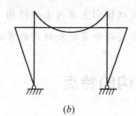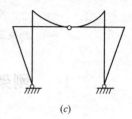

（*a*）　　　　　　　　　　（*b*）　　　　　　　　　　（*c*）

图 7-2　三种刚架的弯矩图

（*a*）无铰刚架；（*b*）两铰刚架；（*c*）三铰刚架

3）三铰刚架：如图 7-2（*c*）所示，是静定结构，地基的变形和基础的不均匀沉降对刚架内力没有影响，但是刚架内力大，刚度差，一般只用于跨度较小或地基较差的情况。

（2）按材料分类：

1）胶合木刚架：利用短薄的板材拼接而成，不受原木尺寸及缺陷的限制，具有较好的防腐和耐燃性能，可以提高生产效率。构造简单、造型美观、方便运输和安装。缺点：跨度小、承载能力小。

2）钢刚架：分为实腹式和格构式两种。

实腹式适用于跨度不大的结构，常做成两铰式，截面形状一般采用焊接工字型，也有少数情况会采用 Z 形，制作、安装都很方便。当跨度和荷载都较大时，梁、柱都可以采用变截面，刚架梁在弯矩较小的位置改变截面，无铰刚架的柱脚和柱顶弯矩都较大，不采用变截面的方式，两铰刚架和三铰刚架的刚架柱可以按一定斜率改变截面，作成楔形截面，柱脚处截面小，柱顶处截面大。

格构式适用于跨度和荷载都较大的情况，具有刚度大、用钢量省的特点。可以采用无铰刚架，当跨度较大时也可以采用两铰刚架和三铰刚架。

以上两种形式的刚架都可以在支座水平面内设拉杆，并施加预应力，使刚架梁产生反拱和卸荷力矩。

3）钢筋混凝土刚架：一般适用于跨度≤18m，高度≤10m 的无吊车或吊车荷载≤100kN 的结构，最大跨度为 30m。

钢筋混凝土刚架的截面形式一般是矩形，为了减轻自重，也可以做成空心截面、工字形截面或空腹式截面。为了减少截面尺寸，增大建筑使用面积，也可以采用预应力混凝土刚架，预应力混凝土刚架的最大跨度可以达到 50m。

(3) 按建筑体型分类:

有平顶、坡顶、拱、单跨和多跨等形式。图 7-3 示出了两种多跨结构形式的计算简图。

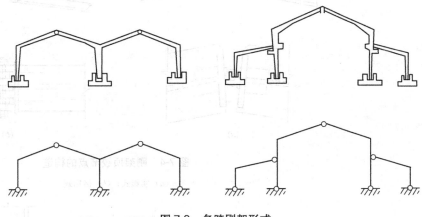

图 7-3　多跨刚架形式

7.3　刚架结构的主要尺寸

(1) 跨度

跨度是由工艺条件来确定。一般采用实腹式刚架结构跨度为 50～60m；格构式两铰刚架跨度为 60～120m；格构式无铰刚架跨度为 120～150m；折线弓形刚架跨度为 40～50m，高度为 15～20m。

(2) 断面

采用实腹式刚架结构时横梁高度一般可取跨度的 $1/20～1/12$，当跨度大时，为充分发挥材料作用，可在支座水平内设置拉杆，并施加预应力对刚架横梁产生卸荷力矩及反拱，这时横梁高度可取跨度的 $1/40～1/30$。预应力拉杆承担了刚架支座处的横向推力，有利于支座和基础；当采用格构式刚架结构时，其梁高可取跨度的 $1/20～1/15$；采用折线弓形刚架，其梁高、柱宽取跨度的 $1/25～1/15$。

7.4　刚架结构节点构造

刚架结构的节点构造包括顶铰及支座铰。铰节点的构造应保证节点能传递竖向压力及水平推力，不传递弯矩，要有足够的转动能力，并要求构造简单，施工方便。格构式刚架的顶铰应把铰接点附近部分的截面改为实腹式，并设置适当的加劲肋，以便传递较大的集中力。刚架顶铰节点的构造图如图 7-4 所示。

钢刚架结构支座铰的形式如图 7-5 所示。当支座反力不大，不大于 100t 时，宜设计成板式铰，当支座反力较大时，应设计成臼式铰或平衡铰，其受力性能好。

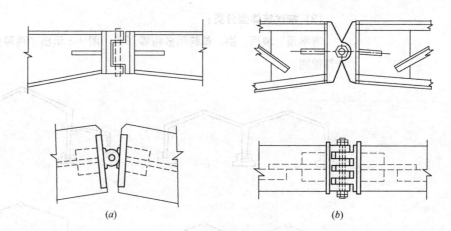

图 7-4 刚架顶铰节点的构造

(*a*) 实腹式；(*b*) 格构式

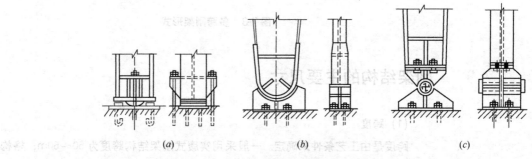

图 7-5 钢柱脚铰支座形式

(*a*) 板式铰支座；(*b*) 臼式铰支座；(*c*) 平衡式铰支座

现浇钢筋混凝土柱基础的铰接通常是用交叉钢筋或垂直销筋来实现，如图 7-6 (*a*)、(*b*)所示；预制装配式刚架柱与基础的连接如图 7-6 (*c*) 所示。

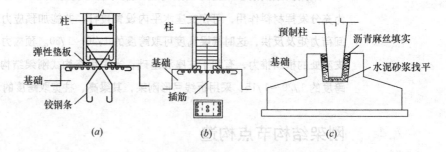

图 7-6 钢筋混凝土柱脚铰支座的形式

7.5 工程实例

(1) 某飞机维修车间

该工程是沈阳某中型民航客机的维修车间。修理"伊尔-24"和"安-24"型客机。机身长 24m，翼宽 32m，尾高 8.4m，浆高 5.1m。机翼距地 3m。设计过程中曾做过三种结构方案比较，如图 7-7 所示。

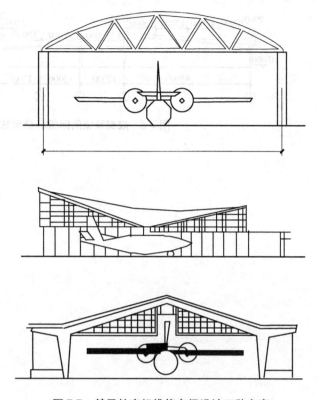

图 7-7   某民航客机维修车间设计三种方案

1）屋架方案

机尾高 8.1m，屋架下弦不能低于 8.8m。由于建筑形式与机身的形状尺寸不相适应，使整个厂房普遍增高，室内空间不能充分利用。因此这个方案不经济。

2）双曲抛物面悬索方案

这个方案的特点是：建筑形式符合机身的形状尺寸，建筑空间能够充分利用。但是，要求高强度的钢索，材料来源困难；同时对施工条件和技术的要求较高，主要是跨度较小，采用悬索方案不经济，因此这个方案不宜采用。

3）刚架结构方案

这个方案的特点是：不仅建筑形式符合机身，尾部高，两翼低，建筑空间能够充分利用；而且对材料、施工都没有特别要求。

根据本工程的具体条件，选用了刚架结构方案。

(2) 成都双流国际机场货运站区

货运站处理区根据工艺要求，需采用大跨度的门式刚架结构。货物处理区分为三部分：5 跨 48m＋12m＋12m＋12m＋40m、5 跨 40m＋12m＋12m＋12m＋40m、单跨 40m。其中边跨及单跨部分为弧形，中间跨为双坡折线形，柱脚铰接，边柱柱顶标高 7.3m，内柱柱顶标高 10.8m，柱距 8m，外墙及屋面采用压型钢板，钢架剖面见图 7-8。

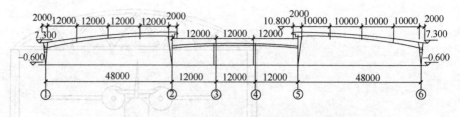

图 7-8　成都双流国际机场货运站区剖面图

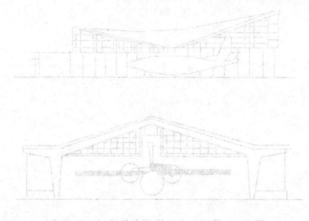

Chapter 8 Truss Structures

第 8 章　桁　架　结　构

第 8 章　　桁架结构

8.1　　桁架结构的特点

桁架结构主要用于建筑的屋盖结构，桁架也常被称作屋架。桁架与实腹梁相比，在抗弯方面，由于将受拉与受压的截面集中布置在上、下两端，增大了内力臂，使得以同样的材料用料，实现了大的抗弯强度。在抗剪方面，通过合理布置腹杆，能够将剪力逐步传递给支座。

图 8-1 示意出桁架结构由简支梁演变而来的简单过程：(a) 图的简支梁受弯时中部材料的强度不能充分发挥；把梁做成工字形截面，如 (b) 图所示，可以减少中部截面面积和自重；把梁中部部分挖空，可以进一步减少中部截面面积和自重，如 (c) 图所示；挖空范围进一步扩大，梁就变成桁架，如 (d) 图所示。这样一来，桁架结构的自重进一步减轻，整体受弯，杆件仅受轴力作用，材料受力均匀，强度得到充分发挥。

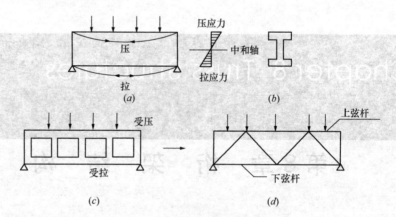

图 8-1　由简支梁发展成为桁架

无论是抗弯还是抗剪，桁架结构都能够使材料强度得到充分的发挥，从而适用于各种跨度的建筑屋盖结构。

桁架结构的主要特点为：

(1) 将横弯作用下实腹梁内部复杂的应力状态转化为桁架杆件内简单的拉压应力状态，使得力的分布与传递更直观，便于结构的变化和组合。

(2) 桁架是由杆件形成许多三角形组成的，充分利用了三角形的刚性特点。

(3) 桁架可用各种材料制造，如钢筋混凝土、钢、木等，能充分利用材料特性，以小杆件拼合跨越大空间，结构布置灵活，应用范围广泛。

桁架结构的缺点为：桁架面外的刚度差，须设置一定数量的面外支撑，以满足桁架的侧向稳定。

8.2 桁架结构的形式

桁架结构的形式按所使用材料的不同，可分为木屋架、钢－木组合屋架、混凝土屋架等。按屋架外形的不同，可分为三角形屋架、梯形屋架、抛物线屋架、折线型屋架、平行弦屋架等（图 8-2）。根据结构受力的特点及材料性能的不同，也可分为桥式屋架、无斜腹杆屋架或刚接屋架、立体屋架等。

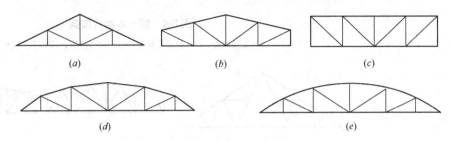

图 8-2　桁架结构的形式

（a）三角形屋架；（b）梯形屋架；（c）平行弦屋架；（d）折线型屋架；（e）抛物线屋架

(1) 木屋架

常用的木屋架是方木或原木齿连接的豪式木屋架（图 8-3），一般分为三角形和梯形两种，大多在工地上用手工制作。豪式木屋架适用跨度为 12～18m，高跨比宜在 1/5～1/4 之间。

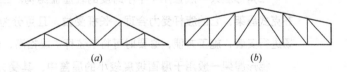

图 8-3　豪式木屋架

（a）三角形屋架；（b）梯形屋架

三角形屋架适用于屋面材料为黏土瓦、水泥瓦及小青瓦等要求排水坡度较大的屋面；梯形屋架受力性能比三角形屋架合理，当房屋跨度较大时，选用梯形屋架较为适宜。当采用坡形石棉瓦、铁皮或卷材作屋面防水材料时，屋面坡度需取 $i = 1/5$。

(2) 钢－木组合屋架

钢－木组合屋架的形式有豪式屋架、芬克式屋架、梯形屋架和下折式屋架（图 8-4）。钢－木组合屋架的适用跨度视屋架结构的外形而定，对于三角形屋架，其跨度一般为 12～18m，对于梯形、折线形等多边形屋架，其跨度可为 18～24m。

(3) 钢屋架

钢屋架的形式主要有三角形屋架（图 8-5）、梯形屋架（图 8-6）、矩形（平行弦）屋架（图 8-7）等，为改善上弦杆的受力情况，常采用再分式腹杆的形式，如图 8-6b 所示。

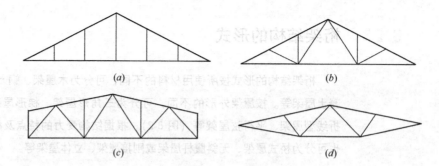

图 8-4 钢－木组合屋架

(a) 豪式屋架；(b) 芬克式屋架；(c) 梯形屋架；(d) 下折式屋架

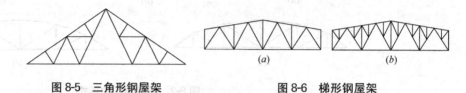

图 8-5 三角形钢屋架   图 8-6 梯形钢屋架

图 8-7 矩形钢屋架

三角形屋架一般宜用于中小跨度的轻屋盖结构。三角形网屋架的常用形式是芬克式屋架，它的腹杆受力合理，长杆受拉，且可分为两榀小屋架制作，运至现场进行安装，施工方便，必要时可将下弦杆中段抬高，使房屋净空增加。

梯形屋架一般用于屋面坡度较小的屋盖中，其受力性能比三角形屋架优越，适用于较大跨度或荷载的工业厂房。当上弦杆坡度为 1/12～1/8 时，梯形屋架的高度可取 (1/10～1/6) L。梯形屋架一般都用于无檩体系屋盖，屋面材料大多用大型屋面板。

矩形屋架也称为平行弦屋架。因其上下弦平行，腹杆长度一致，杆件类型少，易于满足标准化、工业化生产的要求。矩形屋架在均布荷载作用下，杆件内力分布极不均匀，故材料强度得不到充分利用，不宜用于大跨度建筑中，一般常用于托架或支撑系统。当跨度较大时为节约材料，也可采用不同的杆件截面尺寸。

(4) 轻型钢屋架

轻型钢屋架按结构形式主要有三角形屋架、三铰拱屋架和梭形屋架等三种，其中，最常用的是三角形屋架。屋面有斜坡屋面和平坡屋面两种。三角形屋架和三铰拱屋架适用于斜坡屋面，屋面坡度通常取 1/3～1/2。梭形屋架的屋面坡度较平坦，通常取 1/8～1/2。

轻型钢架适用于跨度≤18m、柱距 4～6m、设置有起重量≤50kN 的中、轻级工作制桥式吊车的工业建筑和跨度≤18m的民用房屋的屋盖结构。

(5) 钢筋混凝土屋架

钢筋混凝土屋架常见的形式有梯形屋架、折线形屋架、拱形屋架、无斜腹杆屋架等。根据对屋架的下弦是否施加预应力,可分为钢筋混凝土屋架和预应力钢筋混凝土屋架两种,其跨度为18~36m或更大。混凝土屋架的常用形式如图8-8所示。

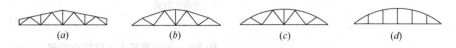

图8-8　混凝土屋架

(*a*) 梯形屋架;(*b*) 折线形屋架;(*c*) 拱形屋架;(*d*) 无斜腹杆屋架

梯形屋架(图8-8*a*)上弦为直线,屋面坡度为1/12~1/10,适用于卷材防水屋面。一般上弦节间为3m,下弦节间为6m,矢高与跨度之比为1/8~1/6,屋架端部高度为1.8~2.2m。梯形屋架自重较大,刚度好。适用于重型、高温作业及采用井式或横向天窗的厂房。

折线形屋架(图8-8*b*)外形较合理,结构自重较轻,屋面坡度为1/4~1/3,适用于卷材防水屋面的中型厂房。

拱形屋架(图8-8*c*)上弦为曲线形,一般采用抛点落在抛物线上,拱形屋架外形合理,杆件内力均匀,自重轻,经济指标良好,但屋架端部屋面坡度太陡,这时可在上弦上部加设短柱而不改变屋面坡度,使之适合卷材防水,拱形屋架矢高比一般为1/8~1/6。

无斜腹杆屋架(图8-8*d*)的上弦一般为抛物线拱。由于没有斜腹杆,故结构构造简单,便于制作,较适合于采用井式或横向天窗的厂房。这样不仅省去了天窗架等构件,简化了结构构造,而且降低了厂房屋盖的高度,减小了建筑物受风的面积。

钢筋混凝土屋架也有其他各种形式,如钢筋混凝土桥式屋架等。桥式屋架是将屋面板与屋架合二为一的结构体系,屋面板与屋架共同工作,屋盖结构传力简捷、整体性好,充分利用了构件的承载能力,节省了材料,其缺点是施工复杂。

(6) 钢筋混凝土－钢组合屋架

常见的钢筋混凝土－钢组合屋架有折线形屋架、三铰屋架、两铰屋架等,如图8-9所示。

折线形屋架特点是自重轻、材料省、技术经济指标都较好,适用于跨度为12~18m的中、小型厂房。折线形屋架屋面坡度约为1/4,适用于石棉瓦、瓦垄铁、构件自防水等的屋面。

两铰或三铰组合屋架的特点是杆件少、自重轻、受力明确、构造简单、施工方便,特别适用于农村地区的中、小型建筑。当采用卷材防水时屋面坡度为1/5,

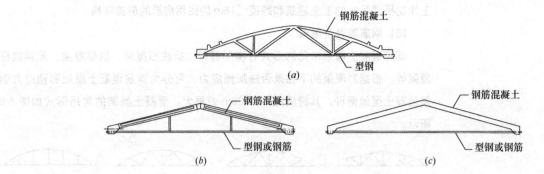

图 8-9　钢筋混凝土－钢组合屋架
(a) 折线型屋架；(b) 三铰屋架；(c) 两铰屋架

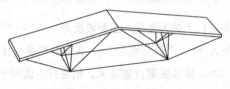

图 8-10　桥式屋架

非卷材防水时屋面坡度为 1/4。

图 8-10 为钢筋混凝土－钢组合结构的桥式屋架，屋架结构的上弦为钢筋混凝土屋面板，下弦和腹杆可为钢筋，亦可为型钢。

(7) 立体桁架

立体桁架的最大优点是桁架本身是立体的，平面外刚度大，自成稳定体系，利于吊装与使用。立体桁架既省支撑，同时构造杆件少，能充分发挥材力，节点如采用钢管相贯连接，可减少管材接头，节约用料，因而具有较大的优越性。

立体桁架的截面形式有矩形、倒锥形、正锥形（图 8-11）。它是由两榀平面桁架相隔一定的距离，以连接杆件将两榀平面桁架形成 90°或 45°夹角，构造施工简单

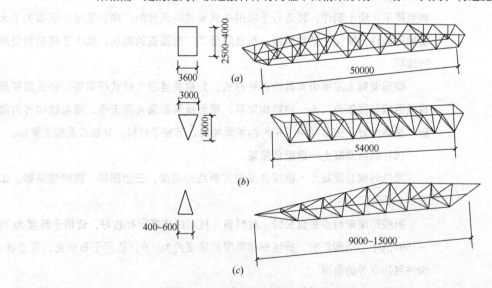

图 8-11　立体桁架
(a) 北京军区体育馆；(b) 呼和浩特内蒙古体育馆；(c) 梭形桁架

易行。由于采用"一分为二"的办法构成立体桁架，故应避免杆件内力过小，以致由构造（细长比）要求决定截面尺寸，所以一般应用于 30～70m 的中大跨度。对 9～15m 的小跨度，可采用梭形屋架。当建筑为长宽比 $L/B>1.5$ 的矩形平面时，采用立体桁架比平板网架更为合适。一般，立体桁架的高度为 $(1/14～1/10)\,l$，比平面桁架小。与平板网架相比，其计算简便，设计周期短，应用很广。

8.3 桁架的构造

(1) 矢高

屋架的矢高直接影响结构的刚度与经济指标。矢高大、弦杆受力小，但腹杆长、长细比大、易压弯，用料反而会增多。矢高小，则弦杆受力大、截面大，且屋架刚度小，变形大。因此，矢高不宜过大也不宜过小。屋架的矢高也要根据屋架的结构形式来定。一般矢高可取跨度为 $1/10～1/5$。

(2) 坡度

屋架上弦坡度的确定应与屋面防水构造相适应，当采用瓦类屋面时，屋架上弦坡度应大些，一般不小于 $1/3$，以利于排水。当采用大型屋面板并做卷材防水时，屋面坡度可平缓些，一般为 $1/12～1/8$。

(3) 节间长度

屋架节间长度的大小与屋架的结构形式、材料及受荷条件有关。一般上弦受压，节间长度应小些；下弦受拉，节间长度可大些。屋面荷载应直接作用在节点上，以优化杆件的受力状态。如当屋架上铺预制钢筋混凝土大型屋面板时，因屋面板宽度为 1.5m，故屋架上弦节间长度常取 3m。当屋盖采用有檩体系时，因屋架上弦节间长度应与檩条间距一致。为减少屋架制作工作量，减少杆件与节点数目，节间长度可取大些。但节间杆长也不宜过大，一般为 1.5～4m。

8.4 工程实例

(1) 哈尔滨会展中心体育场

哈尔滨会展中心体育场是哈尔滨国际会展体育中心的主体建筑之一，占地

图 8-12　哈尔滨会展中心体育场外观

71000m²，可容纳 60000 人。体育场的形体设计与空间双拱体系的观众席天篷相映成趣，处处充满曲线的流畅、多变和柔美，如图 8-12 所示。图 8-13 所示的观众席天篷结构骨架清晰地显示出两道桁架式巨拱之间的桁架式大梁。

图 8-13　哈尔滨会展中心体育场观众席天篷骨架

(2) 天津滨海国际会展中心

天津滨海国际会展中心是滨海新区唯一的大规模、现代化的专业展馆，如图

图 8-14　天津滨海国际会展中心外观

8-14 所示。建筑占地面积 16.9 万 m²，建筑面积 6.1 万 m²，展览面积 2.8 万 m²。展馆一层由 A～F 六个功能区组成，大展厅高度为 15～26m，面积达 18100m²；后部综合楼高度为 8m，面积达 5600m²。展厅具有可分可合、可大可小的特点，其空间组合十分灵活，适应多种不同规模、性质的展览，可满足专项展览、会议、商务、宴会的多功能需要。

(3) 国家体育场（鸟巢）

国家体育场是 2008 年北京奥运会的主体育场，工程建筑面积为 25.18 万 m²，占地 20.14 万 m²，建筑顶面呈马鞍形。长轴为 332.3m，短轴为 297.3m，南北向标高为 42.246m，东西向为 69.900m，屋盖中间开洞长度为 185.3m，宽度为 127.5m。钢结构构件截面均为箱形截面。屋盖主结构（图 8-15a）由 48 榀高 12m

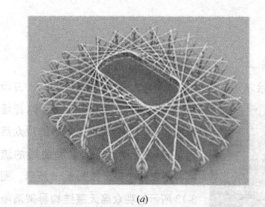

(a)   (b)

图 8-15　国家体育场

(a) 屋盖主结构桁架布置模型图；(b) "鸟巢"

的平面主桁架围绕体育场内部碗状看台区旋转而成，主桁架上弦位于建筑曲面之上，围绕屋盖中间的开口呈放射形布置，支承在体育场外侧周边的 24 根巨型桁架柱上，屋盖次结构由相互交错且位于主结构上弦平面内的箱形构件组成，"任意"布置的顶面及立面次结构与主结构一起形成了"鸟巢"(图 8-15b)。

(4) 法国巴黎埃菲尔铁塔

著名的法国巴黎埃菲尔铁塔（图 8-16）于 1887 年动工，1889 年竣工。为纪念法国大革命 100 周年，巴黎举办了闻名于世的世界博览会以示庆祝。博览会上最引人注目的便是埃菲尔铁塔，它成为当时席卷世界的工业革命的象征。

埃菲尔铁塔占地一公顷，高 324m（塔身高 300m，天线高 24m），耸立在巴黎市区塞纳河畔的战神广场上。除了四个塔脚是由石砌墩座支承、地下有混凝土基础之外，其余全部用钢铁构成。整个塔身自下而上逐渐收缩，形成优美的轮廓线。埃菲尔铁塔自底部到塔顶的步梯共有 1171 级踏步，并在距地面 57m、115m 和 267m 处分别设置了平台。铁塔共有 12000 多个构件，用 250 万个螺栓和铆钉连接成为整体，共用了 7000t 优质钢铁。

图 8-16　法国巴黎埃菲尔铁塔

Chapter 9 Space truss structures

第 9 章　网架结构

第9章　网架结构

　　空间网格结构是由多根杆件按照某种有规律的几何图形通过节点连接起来的空间结构。空间网格结构与平面桁架、刚架不同之处在于其连接构造是空间的，可以充分发挥空间三维捷径传力的优越性，特别适宜于覆盖大跨度建筑。

　　空间网格结构的外形可以成平板形状，也可以成曲面形状。平板形状的为网架结构，如图9-1中（a）所示，曲面形状的为网壳结构，如图9-1中（b）、（c）所示。网格结构是网架与网壳结构的总称。网架与网壳结构统称为空间网格结构。

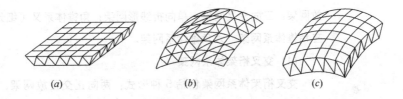

(a)　　　　　　　　(b)　　　　　　　　(c)

图9-1　网格结构简图

（a）双层网架结构；（b）单层网壳结构；（c）双层网壳结构

9.1　网架结构的特点

　　网架是由许多杆件按照一定规律进行布置，通过节点连接组成的一种网状的三维杆系结构，它具有多向受力的性能，是高次超静定结构，空间整体性强、稳定性好、刚度大，是一种良好的抗震结构形式，被大量的用于各类大跨建筑的屋盖结构中。

　　在结点荷载作用下，网架的杆件主要承受轴力，能够充分发挥材料的特性，因此比较节省钢材；网架的高跨比小，可以有效地利用建筑空间，同时杆件规格少，适合于工业化生产、地面拼装和整体吊装等优点；网架结构造型新颖，适用于多种建筑平面形状，如圆形、方形、多边形等。因此应用非常广泛，不仅适用于中小跨度的工业与民用建筑，如工业厂房、俱乐部、食堂、会议室等；而且更宜于建造大跨度建筑的屋盖结构，如展览馆、体育馆、飞机库等。

9.2　网架结构的分类

　　网架结构一般为双层，有时也有三层或多层的。

双层网架是由上弦、下弦和腹杆组成，如图 9-2(a) 所示；三层网架是由上弦、中弦、下弦、上腹杆和下腹杆组成，如图 9-2(b) 所示。

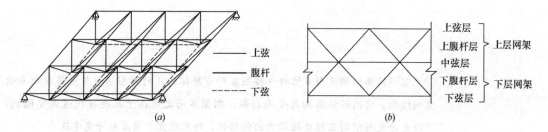

图 9-2　网架组成示意图

(a) 双层网架示例；(b) 三层网架层分类

按照杆件的布置规律及网格的格构原理分类：交叉桁架体系和角锥体系。其中交叉桁架体系又可细分为两向正交正放网架、两向正交斜放网架、两向斜交斜放网架、三向交叉网架、单向折线形网架；角锥体系又可细分为四角锥体系网架、三角锥体系网架、六角锥体系网架。

(1) 交叉桁架体系网架

交叉桁架体系网架包括 5 种形式：两向正交正放网架、两向正交斜放网架、两向斜交斜放网架、三向交叉网架、单向折线形网架（图 9-3）。

1）两向正交正放网架：两向桁架正交，弦杆与边界平行或垂直。其节点构造简单，便于施工。因其弦杆构成四边形网格为几何可变体系，因此，一般在其上弦平面周边设置水平支撑杆件（也可设于下弦平面），以使网架能有效传递水平荷载。

2）两向正交斜放网架：两向桁架正交，弦杆与边界呈 45°交角。这种网架存在长桁架与短桁架交叉的情况，靠角部的短桁架刚度较大，对与其垂直的长桁架起支承作用，可降低长桁架中弦杆的内力。但同时长桁架在角部会产生负弯矩，比如长桁架角点支承处，会产生较大的拉力，设计时应注意。

3）两向斜交斜放网架：两向桁架斜交，弦杆与边界轴线斜交成一定角度。它适用于两个方向网格尺寸不同而弦杆长度相等的情况，可用于梯形或扇形建筑平面，节点构造与施工均较复杂，受力性能不佳。因此，只是在建筑上有特殊要求时才考虑选用。

4）三向交叉网架：三个方向的桁架按 60°交角相互交叉而成。其上、下弦杆平面内的网格呈三角形，因此，这种网架是由许多稳定的正棱柱体为基本单元组成。受力性能好，空间刚度大，能把内力均匀地传递给支座，但节点汇交的杆件数量多，最多可达 13 根，节点构造复杂。它适用于大跨度，且建筑平面呈三角形、六边形、多边形和圆形的情况。

5）单向折线形网架：适合狭长矩形平面的建筑（长跨比在 2：1 以上时），长跨方向弦杆内力很小，从承载力角度考虑可将长向杆件取消，沿短向支撑。折线

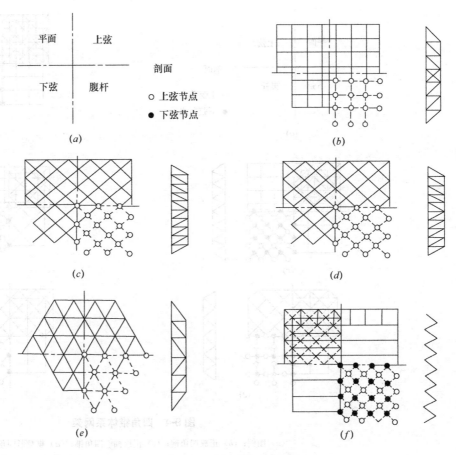

图9-3 交叉桁架体系网架

(a) 图例；(b) 两向正交正放网架；(c) 两向正交斜放网架；(d) 两向斜交斜放网架；

(e) 三向交叉网架；(f) 单向折线形网架

形网架适合狭长矩形平面的建筑，它的内力分析简单，无论多长的网架，沿长度方向仅需计算5~7个节间。

(2) 四角锥体系网架

四角锥体系网架的上、下弦均呈正方形（或接近正方形的矩形）网格，并相互错开半格，使下弦网格的角点对准上弦网格的形心，上、下弦节点间用腹杆连接起来。

1) 正放四角锥网架：受力均匀，空间刚度好。适用于较大屋面荷载、大柱距、点支承及设有悬挂吊车工业厂房等建筑。

2) 正放抽空四角锥网架：是将正放四角锥除周边外，相间地抽去锥体的腹杆及下弦杆，使下弦网格扩大一倍。其受力与两向正交桁架相似。这种网架杆件较少，经济效果好，可利用抽空处作采光窗，但下弦内力较正放四角锥网架约大一倍，内力的均匀性和刚度有所下降，不过仍能满足工程需要。它适用于屋面荷载较轻的中、小跨度网架。

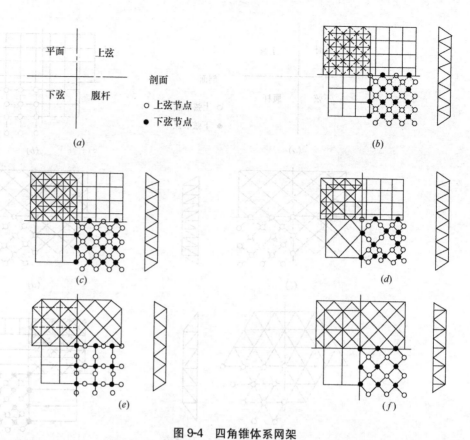

图 9-4 四角锥体系网架

(a) 图例；(b) 正放四角锥；(c) 正放抽空四角锥；(d) 棋盘形四角锥；

(e) 斜放四角锥；(f) 星形四角锥

3）斜放四角锥网架：这种网架的上弦与边界成45°交角，下弦正放，腹杆与下弦在同一垂直面内，上弦杆长度约为下弦杆的0.707倍，所以出现短压杆、长拉杆的情况，受力合理，节点汇交杆也较少。适用于中、小跨度建筑。由于上弦网格斜放，屋脊处宜用三角形屋面板，周边应用刚性系杆连接，否则会出现绕 Z 轴旋转的不稳定情况。

4）棋盘形四角锥网架：上、下弦方向与斜放四角锥网架对调。由于上弦正放，屋面板可用方形，也具有短压杆、长拉杆的特点。另外，由于周边满堆，因此它的空间作用得到保证，适用于中、小跨度周边支承网架。

5）星形四角锥网架：这种网架的单元体形像星体，星体单元是由两个倒置的三角形小桁架相互交叉而成。两小桁架交汇处设有竖杆，这种网架也是短压杆、长拉杆，受力合理，它适用于中、小跨度周边支承网架。

(3) 三角锥体系网架

1）三角锥网架：三角锥体系网架的上、下弦均为三角形网格，下弦节点位于上弦三角形网格的形心。杆件受力均匀，整体抗扭、抗弯刚度好，上、下弦节点均交汇9根杆件，节点构造统一。它适用于大中跨度、屋面荷载较大的建筑，当

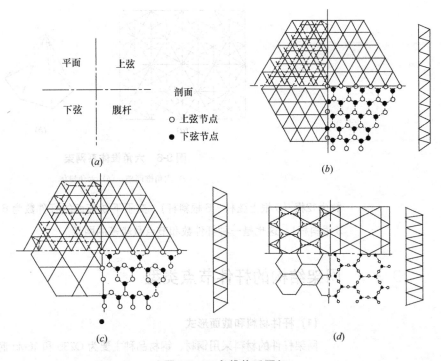

平面 | 上弦

剖面

下弦 | 腹杆

○ 上弦节点
● 下弦节点

(a)

(b)

(c)

(d)

图 9-5　三角锥体系网架

(a) 图例；(b) 三角锥网架；(c) 抽空三角锥网架；(d) 蜂窝形三角锥网架

建筑平面为三角形、六边形或圆形时有较好的平面适应性。

2) 抽空三角锥网架：抽空三角锥网架是在三角锥网架的基础上，抽去部分三角锥单元的腹杆和下弦杆，使下弦改为三角形和六边形相组合的图形。上弦交汇8 根杆件，下弦交汇 6 根杆件。上弦网格较密，便于铺设屋面板，下弦网格较疏，可以节约钢材。根据几何不变性分析可知，某种网架当周边上弦节点均设有竖向支承链杆，并且网架整体布置中有 3 根以上不平行且不交于一点的水平链杆时，即可满足几何不变性的必要和充分条件。由于抽空三角锥网架的下弦抽空较多，所以刚度较三角锥网架差，相邻下弦杆内力差别也较大，故它适用于轻屋面，跨度较小和三角形、六边形或圆形平面的建筑。

3) 蜂窝形三角锥网架：蜂窝形三角锥网架的上弦平面为正三角形和正六边形网格，下弦平面为正六边形网格，腹杆与下弦在同一垂直平面内。这种网架也有短上弦、长下弦的特点，每个节点只交汇 6 根杆件，它是常用网架中杆件数和节点数最少的一种，但上弦平面的六边形网格增加了屋面起拱的困难。适用于中、小跨度周边支承结构。可用于六边形、圆形或矩形平面。

(4) 六角锥体系网架

它的基本单元体是由 6 根弦杆、6 根斜杆构成的正六角锥体，即七面体。主要形式就是六角锥网架，它由顺置的密排六角锥体与三向互成 60°的上弦杆系连接而成。所形成的上、下弦网格分别为正三角形、正六角形。交于上弦节点的杆件

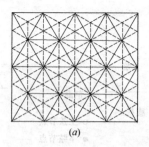
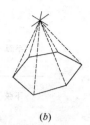

图9-6　六角锥体系网架

(*a*) 六角锥网架；(*b*) 六角锥体

数为12根（6根上弦杆、6根斜杆），交于下弦节点的杆件数为6根（3根下弦杆、3根斜杆）。这也是一种杆件数和节点数较多的网架。

9.3　网架结构的杆件节点类型

(1) 杆件材料和截面形式

网架杆件的材料采用钢材，钢材品种主要为 Q235 和 16Mn 钢。

网架杆件的截面形式有：圆管、由两个等肢角钢组成的 T 形、由两个不等边角钢长肢相并组成的 T 形截面、单角钢、型钢和方管等。

圆管截面具有回转半径大和截面特性无方向性等特点，是目前最常用的截面形式。根据资料分析表明，当截面面积相等条件下，圆管的轴压承载力是两个等肢角钢组成截面的 1.2～2.75 倍。圆钢管截面有高频电焊钢管及热轧无缝钢管两种。在设计中应尽量采用高频电焊钢管，因为它比热轧无缝钢管价格便宜，并且壁厚较薄。

薄壁方钢管截面具有回转半径大、两个方向回转半径相等的特点，是一种较经济的截面形式，目前国内对这种截面的节点形式研究很少，应用还不广泛。

角钢组成的 T 形截面适用于板节点连接，因为工地焊接工作量大，制作复杂，采用也较少。

单角钢适用于受力较小的腹杆，H 型钢适用于受力较大的弦杆。

(2) 网架的节点构造应满足下列要求

1) 受力合理，传力明确，务必使节点构造与所采用的计算假定尽量相符，使节点安全可靠；

2) 保证汇交杆件交于一点，不产生附加弯矩；

3) 构造简单，制作简便，安装方便；

4) 耗钢量少，造价低廉。

(3) 按节点构造划分的节点类型有以下几种

1) 十字交叉钢板节点：它是从平面桁架节点的基础上发展而成，杆件由角钢组成，杆件与节点板连接可采用角焊缝，也可用高强螺栓连接。

2) 焊接空心球节点：它是有两个热压成半球后再对焊而成空心球，杆件焊在球面上，杆件与球面连接焊缝可采用对接焊缝或角焊缝，杆件由钢管组成。

3) 螺栓球节点：它是通过螺栓、套筒等零件将杆件与实心球连接起来，杆件由钢管组成。

4) 直接汇交节点：它是将网架中的腹杆（支管）端部经机械加工成相贯面后，直接焊在弦杆（主管）管壁上，也可将一个方向弦杆焊在另一个弦杆管壁上。这种节点避免了采用任何连接件，节省节点用钢量，但要求装配精度高，杆件由钢管或方管组成。

经过多年的工程实践，目前国内最常用节点形式是焊接空心球节点和螺栓球节点。

(4) 焊接空心球节点

焊接空心球节点是我国采用最早也是目前应用较广的一种节点。它由两个半球对焊而成，分为加肋和不加肋两种，如图 9-7 所示。

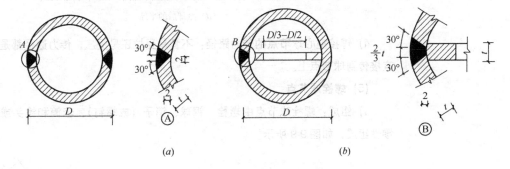

(a)   *(b)*

图 9-7　网架的焊接空心球节点

(*a*) 不加肋的空心球；(*b*) 加肋的空心球

1) 加肋焊接空心球节点：当空心球外径不小于 300mm，且杆件内力较大需要提高承载力时，球内可加环肋，其厚度不应小于球壁厚度；内力较大的杆件应位于肋板平面内（图 9-7*b*）。

不加肋焊接空心球节点：当空心球外径小于 300mm，且杆件内力较小时，可以不加肋，如图 9-7 (*a*) 所示。

2) 焊接空心球的半球有冷压和热压两种成型方法：

热压成型简单，不需很大压力，用得最多。热压工序如图 9-8 所示。

冷压不但需要较大压力，要求材质好，而且模具磨损较大，目前很少采用。

3) 适用范围：适用于圆钢管连接，构造简单，传力明确，连接方便。由于球体无方向性，可与任意方向的杆件相连，只要切割面垂直于杆件轴线，杆件就能在空心球上自然对中而不产生节点偏心，当汇交杆件较多时，优点更为突出。因此它的适应性强，可用于各种形式的网架结构，也可用于网壳结构。

(a)　　　　　　　　　　　　　　　(b)

(c)　　　　　　　　　　　　　　　(d)

图 9-8　焊接空心球半球的热压工序

(a) 半球按圆形下料；(b) 圆形钢板在火中加热；(c) 半球热压成型；

(d) 冷却后的半球

4）焊接空心球节点的传力路径：不管是受拉还是受压，传力途径都是由杆件直接传到球节点上。

(5) 螺栓球节点

1）组成：螺栓球节点由螺栓、钢球、销子（或螺钉）、套筒和锥头或封板等零件组成，如图 9-9 所示。

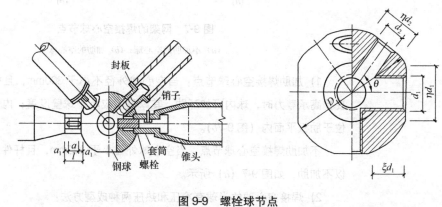

图 9-9　螺栓球节点

2）适用范围：适用于连接钢管杆件。节点和杆件一般在工厂定型成批生产，现场拼装无须焊接，装拆方便，特别适用于建造临时性和半永久性的网架结构。

3）传力路径：螺栓球节点的受力情况和一般节点不尽相同，受拉时的传力途径是由钢管杆件、锥头，经螺栓至钢球；受压时是由钢管杆件、锥头，经套筒至钢球。即螺栓在受拉时起作用，而套筒在受压时起作用。

4）受压杆件的连接螺栓，可以按其内力所求得的螺栓直径适当减小，但是必须保证套筒具有足够的抗压强度，套筒应按承压进行计算，并验算其开槽处和端部有效截面的承压力。套筒端部到开槽端部距离应使该处有效截面抗剪力不低于销钉抗剪力，且不小于1.5倍开槽的宽度。

(6) 十字交叉钢板节点

该节点类型主要用于型钢杆件的网架结构，其中焊接十字板节点是由一般钢网架的十字板节点发展而来的，主要用于角钢组合网架结构，节点构造如图9-10。板肋底部预埋钢板应与十字节点板的盖板焊接牢固以传递内力，必要时盖板上可焊接U形短钢筋，埋入灌缝中的后浇细石混凝土，缝中宜配置通长钢筋。当组合网架结构用于楼层时，宜采用配筋后浇细石混凝土面层。河南省新乡百货大楼扩建工程、湖南省长沙纺织大厦等都采用构造类似的这种焊接十字板的组合网架结构。

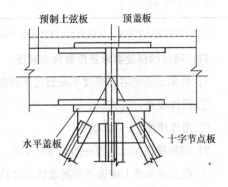

图 9-10　焊接十字板节点

9.4　网架结构的主要几何尺寸

(1) 主要几何尺寸的确定

1）网架的网格尺寸与网架高度的关系：

① 斜腹杆与弦杆的夹角应控制在 $40°\sim55°$ 之间。如果夹角太小，会给节点施工带来困难。

② 当网架结构的屋面维护材料采用钢筋混凝土板时，网格尺寸不宜过大，一般不超过 3m。

③ 当网架结构的屋面采用有檩体系檩条时，檩条长度一般不超过 6m。

2）网架高度与屋面荷载、跨度、平面形状、支承条件、设备管道的关系：

① 屋面荷载、跨度均较大的时候，网架高度应选得大一些。

② 建筑物平面形状为圆形、正方形或接近正方形时，网架高度可以取小一些；平面形状比较狭长时，网架高度可取大一些。

③ 当网架中有穿行管道时，网架要满足一定的高度要求。

④ 点支承网架的高度比周边支承网架的高度要大一些。

对于周边支承的网架高度及网格尺寸可以按表 9-1 采用。

网架上弦网格数和跨高比

表 9-1

网架形式	钢筋混凝土屋面体系		钢檩条屋面体系	
	网格数	跨高比	网格数	跨高比
两向正交正放、正放四角锥、正放抽空四角锥网架	$(2 \sim 4) + 0.2L_2$	$10 \sim 14$	$(6 \sim 8) + 0.07L_2$	$(13 \sim 17) - 0.03L_2$
两向正交斜放、棋盘形四角锥、斜放四角锥、星形四角锥	$(6 \sim 8) + 0.08L_2$			

注：L_2 为网架短向跨度，单位为米；当跨度在 18m 以下时，网格数可以适当减少。

（2）网架的挠度要求及屋面排水坡度

1）网架结构的容许挠度不应超过下列数值：

① 用作屋盖：$L_2/250$；

② 用作楼面：$L_2/300$；

2）网架屋面排水坡度一般为 3%～5%，可以采用下列方法找坡：

① 在上弦节点上架设不同高度的小立柱，当小立柱较高时，须注意小立柱自身的稳定性；

② 对整个网架起拱。为了消除网架在使用阶段的挠度，拱度一般不大于短向跨度的 1/300。

③ 采用变高度网架，增大网架跨中高度，使上弦杆形成坡度，下弦杆仍平行于地面，类似梯形桁架；

④ 支承柱变高度。

9.5 网架结构的支承

网架结构的支承方式分为刚性支承和弹性支承两类。刚性支承是指在荷载作用下没有竖向位移，可以有水平位移，也可以没有水平位移，一般适用于网架直接搁置在柱上、墙上、或具有较大刚度的钢筋混凝土梁上；弹性支承一般是指三边支承网架中的自由边设反梁支承、桁架支承、拉索支承等情况。本节只讲述满足刚性支承条件的支承构件布置。

网架的支承方式有：周边支承、三边支承、对边支承、多点支承、四点支承、混合支承等，如图 9-11 所示。

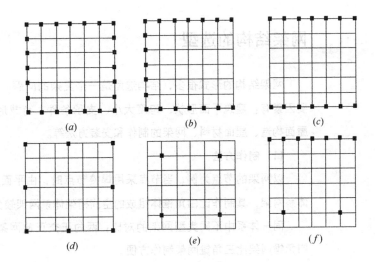

图 9-11　网架支承方式

(*a*) 周边支承；(*b*) 三边支承；(*c*) 对边支承；(*d*) 多点支承；

(*e*) 四点支承；(*f*) 混合支承

(1) 周边支承：周边支承网架是在网架四周全部或部分边界节点设置支座，支座可支承在柱顶或圈梁上，网架受力类似于四边支承板，是常用的支承方式。为了减少弯矩，也可将周边支座略微缩进，这种布置和点支承已很接近。这种支承方式的柱子间距比较灵活，网格分割不受柱距限制，便于建筑平面和立面的灵活变化，网架受力均匀，空间刚度大，可以不设置边桁架，因此用钢量较少。

(2) 三边支承：当矩形建筑物的一边轴线上因生产的需要必须设计成开敞的大门和通道，或者因建筑功能的要求某一边不能布置承重构件时，四边形网架只有三个边上可设置支座节点，另一个边为自由边。三边支承网架自由边的处理方式有两种：设置支撑系统（加反梁）或不设置支撑系统。当跨度较大时，应在开口处加反梁较为合理。

(3) 对边支承：四边形网架只有其两对边上的节点设计成支座节点，其余两边为自由边。对于平面尺寸较长而设有变形缝的厂房屋盖，常采用三边支承或对边支承。

(4) 多点支承：是指整个网架支承在多个支承柱上，其受力与钢筋混凝土无梁楼盖相似，没有减小跨中正弯矩和挠度，支承点多对称布置，并在周边设置悬臂段，以平衡一部分跨中弯矩，减少跨中挠度。多点支承网架主要适用于体育馆、展览厅等大跨度公共建筑中。

(5) 混合支承：是边支承与多点支承相结合的网架支承方式，它是在边支承的基础上，在建筑物内部增设中间支承点。这样就缩短了网架的跨度，可以有效地减小网架杆件的内力和网架的挠度，并达到节约钢材的目的。

9.6 　网架结构的选型

网架结构的形式很多，结构选型是一个复杂的问题。影响网架结构选型的主要因素有：建筑平面形状、跨度大小、支承条件、荷载形式及大小、刚度要求、屋面构造、屋面材料、网架的制作和安装方法等。

(1) 制作方法

以网架的节点为例，当节点采用焊接节点时，由平面桁架系组成的交叉桁架体系网架，其制作比由角锥体组成的空间桁架体系网架较为方便；

同一体系中不同类型网架的对比：两向正交正放网架比三向网架制作方便；四角锥网架比三角锥网架制作方便。

(2) 安装方法

网架的安装方法不是采用整体提升或吊装，而是采用分条、分块安装，或采用高空滑移法。选用两向正交正放网架、正放四角锥网架、正放抽空四角锥网架等三种正交正放类网架比选用斜放类网架有利，因为斜放类网架在分条或分块吊装时，往往因为刚度不足或几何可变性而要增设临时支撑，这是不经济的。

(3) 用钢指标

当采用周边支承并且平面接近方形时，通过满应力优化设计方法来比较，斜放四角锥网架、棋盘形四角锥网架的用钢量省。因为这两种网架的上弦是受压构件，网格小、杆件短、压杆稳定验算时稳定承载力接近截面强度，材料利用率高；下弦是受拉构件，网格大，受拉构件长，节点和杆件数量少，所以用钢量省。

当采用周边支承并且平面尺寸的边长比大于 1.5 时，因为应力分布的关系，正交正放类网架在相同条件下就比斜放类网架的用钢量少，一些抽空椎体网架的用钢量一般比不抽空椎体网架少，但是抽空椎体网架的杆件内力比不抽空时的变化要大，对节点和杆件设计的要求高，并且相对复杂。正交正放类网架就比斜放类网架的用钢量省。

(4) 跨度大小

网架结构按跨度大小分类：60m 以上为大跨；30～60m 为中跨；30m 以下为小跨。

通过造价等因素综合分析表明：跨度大小对网架结构的选型影响不大。但是大跨度网架一般都是重要的建筑，目前我国多采用两向正交正放网架、两向正交斜放网架、三向网架等平面桁架体系组成的网架结构。因为这几种大跨度网架的设计、施工经验比较丰富，技术比较熟练。

三向网架、三角锥网架、六角锥网架的构造较为复杂，用钢量大，所以在中小跨度中较少采用。

（5）网架的刚度

网架的刚度比平面钢屋架的刚度大得多，但是各种网架之间，不论是水平刚度还是垂直刚度，其差别还是不小的。比如斜放四角锥网架，它本身是几何可变的，再增设边缘构件或有强大的圈梁时才能保证其几何不变性。一般地，节点数和杆件数较多的网架，如三角锥网架、六角锥网架、三向网架、正放四角锥网架的刚度较大；反之，节点数和杆件数较少的网架，如斜放四角锥网架、棋盘形四角锥网架、抽空三角锥网架、蜂窝形三角锥网架的刚度较小。

（6）平面形状

平面形状为矩形的周边支承网架，当边长比≤1.5时：宜选用正放或斜放四角锥网架、棋盘形四角锥网架、正放抽空四角锥网架、两向正交斜放或正放网架；对于中小跨度，也可选用星形四角锥和蜂窝形三角锥网架；当边长比＞1.5时：宜选用两向正交正放网架、正放四角锥网架或正放抽空四角锥网架。

平面形状为矩形的多支点支承网架：可选用正放四角锥网架、正放抽空四角锥网架、两向正交正放网架。对于多点支承和周边支承相结合的多跨网架：可选用两向正交斜放或斜放四角锥网架。

对于其他平面形状，比如圆形、正六边形及接近正六边形并且周边支承的网架，可选用三向网架、三角锥网架或抽空三角锥网架；对于小跨度也可选用蜂窝形三角锥网架。

（7）支承条件

当为多点支承条件时，选用正交正放类网架较为合适。因为多点支承时这种正交正放类网架的受力性能比斜放类网架合理，挠度也小。

当为三边支承一边开口支承条件时，宜选用正交正放类网架。

当为周边支承和多点支承相结合的支承条件时，选用正交正放类、斜放类，但一般不采用三向网架和三角锥体、六角锥体组成的网架。

（8）组合网架形式的应用

对于跨度不大于40m的多层建筑楼层和跨度不大于60m的屋盖：可采用钢筋混凝土板代替网架的上弦，形成组合网架。组合网架宜采用正放四角锥组合网架、正放抽空四角锥组合网架、两向正交正放组合网架、斜放四角锥组合网架及蜂窝形三角锥组合网架。

（9）网架结构弦杆层数的选择

网架结构按弦杆层数的不同可分为：双层和三层（多层）网架。网架结构弦杆层数的增加使网架结构有以下变化：

① 网架高度增加；

② 弦杆内力减小；

③ 螺栓球节点的应用范围扩大；

④ 腹杆长度减少；

⑤ 节点和杆件数量增多；

⑥ 用钢量增大。

总体来说，网架选型是一个影响因素较多、综合性强的问题，必须根据适用于经济和施工技术水平的原则，进行多个方面综合分析、比较确定。

9.7 工程实例

上海体育馆（图 9-12），建筑面积为 3.1 万 m²，可容纳 1.8 万名观众，固定看台用 1.6 万座席，活动看台 2000 座席，包括比赛馆、练习馆、运动员宿舍、食堂及其他附属建筑。

观众厅为圆形，屋盖直径为 110m，采用球节点三向钢网架结构，周边支承载 6 根柱子上。网架高度为 6m，网格尺寸为 6.11m，用钢量为 47kg/m²。屋面采用铝合金板、三防布、望板钢檩体系。

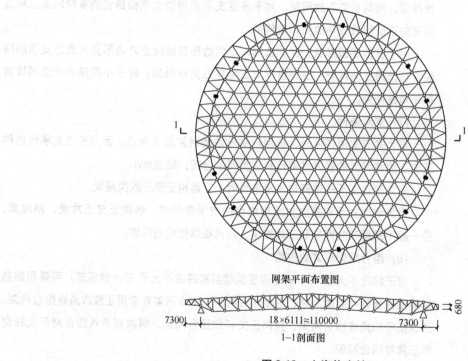

网架平面布置图

7300 | 18×6111≈110000 | 7300 | 680

1-1剖面图

图 9-12　上海体育馆

Chapter 10 Reticulated shell structures

第 10 章　网壳结构

第10章 网壳结构

网壳结构是一种曲面形网格结构，有单层网壳和双层网壳之分，是大跨度空间结构中一种举足轻重的主要结构形式。

10.1 网壳结构的特点

(1) 网壳结构造型丰富多彩，不论是建筑平面，还是空间曲面外形，都可以根据创作要求任意选取，因此广大建筑设计人员都乐于采用网壳结构，目前网壳结构在各种大跨度建筑中得到了广泛的应用。

(2) 网壳结构的刚度大、跨越能力大，往往当跨度超过 100m 时，便很少采用网架结构，而较多地采用网壳结构。

(3) 网壳结构兼有杆系结构和薄壳结构的主要特性，杆件比较单一，受力也较合理。

(4) 网壳结构可以用小型构件组装成大型空间，小型构件和连接节点可以在工厂预制，走工业化生产的道路，现场安装简便，不需要大型的机具设备，因而综合技术经济指标较好。

(5) 网壳结构的分析计算借助于通用程序和计算机辅助设计，现已相当成熟，不会有多大难度。特别是双层网壳，通常可采用在我国已推广应用的网架结构计算软件，便能完成网壳结构的施工图设计。

10.2 网壳结构的形式

10.2.1 分类

网壳结构可根据不同的原则来进行分类，一般采用下列几种方法：

(1) 按曲面的外形分，主要有球面网壳（包括椭球面网壳）、双曲扁网壳、圆柱面网壳（包括其他曲线的柱面网壳）、双曲抛物面网壳（包括鞍形网壳、单块扭网壳、四块组合型扭网壳）等四类（图10-1）。

(2) 按曲面的曲率半径分，有正高斯曲率网壳（$K>0$）、零高斯曲率网壳（$K=0$）和负高斯曲率网壳（$K<0$）等三类（图10-1）。

(3) 按网壳的层数来分，有单层网壳、双层网壳、局部双层网壳、多层网壳。

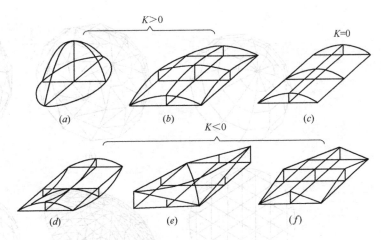

图 10-1 网壳结构按曲率半径、外形分类

(a) 球面网壳；(b) 双曲面网壳；(c) 圆柱面网壳；(d) 双曲抛物面鞍型网壳；

(e) 单块扭网壳；(f) 四块组合型扭网壳

网壳结构可通过切割与组合手段构成新的网壳外形，如图 10-2 可构成三角形、四边形或多边形平面上的球面网壳。

其中双层网壳通过腹杆把内外两层网壳杆件连接起来，因而可把双层网壳看作由共面与不共面的拱桁架系或大小相同与不同的角锥系（包括四角锥系、三角锥系和六角锥系）组成。

(4) 按网壳所用的材料分，主要有木网壳、钢网壳、钢筋混凝土网壳以及钢网壳与钢筋混凝土屋面板共同工作的组合网壳等四类。

(5) 按网壳结构的跨度大小来分，80m 以上称为大跨度网壳结构，40m 以下称为小跨度网壳结构，40~80m 之间的称为中等跨度网壳结构。

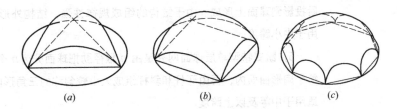

图 10-2 球面网壳的切割方式

(a) 三角形；(b) 四边形；(c) 多边形

10.2.2 球面网壳的形式与特点

球面网壳又称穹顶，是目前最常用的形式之一，主要包括单层和双层两大类。

(1) 单层球面网壳：按网格划分方法，单层球面网壳主要有：肋环型、施威德勒型、联方型、三向网格型、凯威特型、短程线型共六种，如图 10-3 所示。

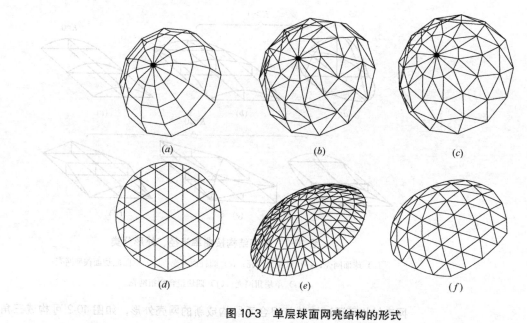

图 10-3　单层球面网壳结构的形式

1）肋环型单层球面网壳是由径肋和环杆组成，径肋汇交于球顶，节点构造复杂，每个节点只汇交 4 根杆件，整体刚度差，适用于中小跨度。

2）施威德勒型单层球面网壳是在肋环型的基础上加斜杆组成的。提高了网壳的刚度和抵抗非对称荷载的能力，整体刚度好，适用于中等及以上跨度。

3）联方型单层球面网壳是由人字斜杆组成菱形网格，两斜杆夹角在 30°～60° 之间，造型美观，又称为葵花型，整体刚度好，适用于中等及以上跨度。

4）三向网格型单层球面网壳是在水平面内形成大小相等的正三角形网格，然后投影到球面上形成。由于结构的组成规律性强，结构外形美观，受力较好，适用于中小跨度。

5）凯威特型单层球面网壳是由 n 根径肋把球面分为 n 个对称的扇形曲面。在每个扇形曲面内，再由环杆和斜杆组成大小较匀称的三角形网格，内力分布均匀，适用于中等及以上跨度。

6）短程线型单层球面网壳是根据测地线的原理，根据球面上测地线间距离最短的原理将球面网格进行划分而得到的。网格大小匀称，内力分布均匀，节省用钢量，适用于中等及以上跨度。

（2）双层球面网壳：综合了单层球面网壳与双层网架结构的划分方法，主要形式有：肋环型角锥体系、联方型角锥体系、凯威特型角锥体系、平板组合式球面网壳等，见图 10-4。

双层球面网壳与单层球面网壳相比，结构刚度好，适用于大跨度建筑。

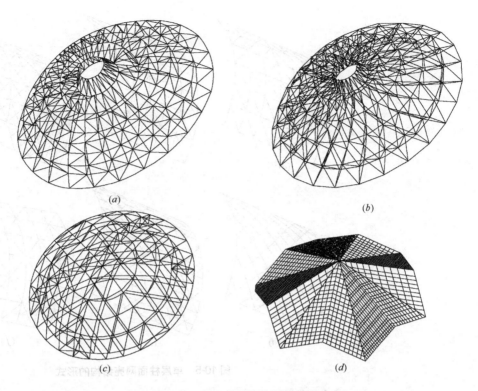

(a)　　　　　　　　　　　　　　　　(b)

(c)　　　　　　　　　　　　　　　　(d)

图 10-4　双层球面网壳结构的形式

(a) 肋环型角锥体系；(b) 凯威特型角锥体系；(c) 联方型角锥体系；(d) 平板组合式球面网壳

10.2.3　柱面网壳的形式与特点：

柱面网壳也是目前常用的形式之一，主要包括单层和双层两大类。

(1) 单层柱面网壳：主要形式有：单斜杆型、弗普尔型、双斜杆型、联方型、三向网格型、米字网格型共六种，见图 10-5。

1) 单斜杆型单层柱面网壳是首先沿曲线划分等弧长，通过曲线等分点作平行纵向直线，再将直线等分，作平行于曲线的横线，形成方格，对每个方格加斜杆，即单斜杆型。杆件数量少，刚度较差，适用于小跨度小荷载的屋面。

2) 弗普尔型柱面网壳是在单斜杆基础上将斜杆布置成人字形，也称为人字形柱面网壳。杆件数量多，刚度较好。

3) 双斜杆型柱面网壳是将方格内部设置交叉斜杆，以提高网壳的刚度。杆件数量多，刚度较好。

4) 联方型单层柱面网壳的杆件组成菱形网格，杆件夹角 30°～50°之间。杆件数量少，刚度较差，适用于小跨度小荷载的屋面。

5) 三向网格型单层柱面网壳可理解为联方网格上加纵向杆件，使菱形变为三角形。杆件数量多，杆件品种较少，刚度最好，是一种比较经济合理的形式。

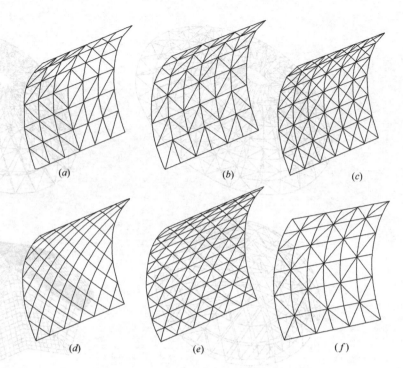

图 10-5　单层柱面网壳结构的形式

6）米字网格型就是将双斜杆布置成米字形。杆件数量多，刚度较好。

（2）双层柱面网壳：其形式很多，与双层网架结构的形式划分很类似，也可分为交叉桁架体系、四角锥体系、三角锥体系。比较常用的具体形式有交叉桁架柱面网壳、正放四角锥柱面网壳、抽空正放四角锥柱面网壳、斜放四角锥柱面网壳、三角锥网壳等，如图 10-6 所示。

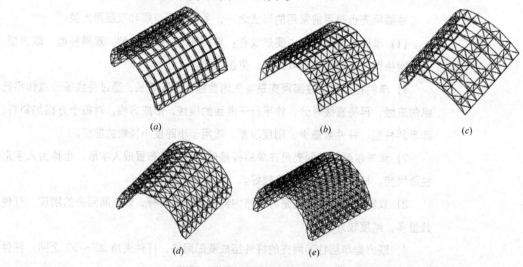

图 10-6　双层柱面网壳结构的形式

(a) 交叉桁架型；(b) 正放四角锥型；(c) 抽空正放四角锥型；

(d) 斜放四角锥；(e) 三角锥型

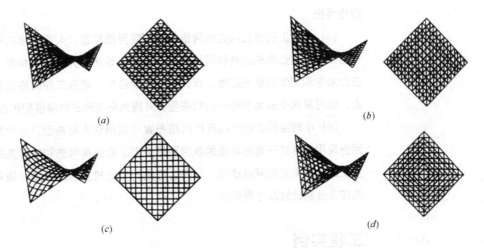

(a) (b)

(c) (d)

图 10-7　扭网壳

(a) 平行于边缘方向（加斜杆）；(b) 平行于边缘方向（加斜杆）；

(c) 沿对角线方向；(d) 沿对角形方向（加斜杆）

10.2.4　扭网壳

扭网壳为反向双曲抛物面，属负高斯曲面，适用于正方形平面建筑。由于它是双直纹曲面，便于沿直纹方向连续设置直杆，网格构成十分规则、便利。有单层和双层形式。

单层扭网壳多采用双向正交网格。按网格的布置方式，有平行于边缘方向设置与沿对角线方向设置两种，还可以根据需要增设单向或双向斜杆，提高结构的面内抗剪刚度（图 10-7）。

双层扭网壳的网格布置与单层相似，通过增设斜腹杆，形成交叉桁架结构体系，其面外抗弯刚度好，结构稳定性强。

10.3　网壳结构的选型

网壳结构的选型要考虑跨度大小、刚度要求、平面形状、支承条件、制作安装和技术经济指标等因素才能综合决定，一般可按照如下方法进行：

(1) 双层网壳可采用铰接节点，单层网壳应采用刚接节点，一般来说大中跨度网壳宜采用双层网壳，中小跨度可采用单层网壳。

(2) 对于大中跨度的球面网壳和双曲扁网壳，其中部区域可采用单层网壳，而边沿区域可采用双层网壳，从而形成一种局部单层、局部双层的网壳结构。

(3) 平面现状为圆形、正六边形和接近圆形的多边形时，宜采用球面网壳；平面现状为正方形和矩形时，宜采用圆柱面网壳、双曲扁网壳、单块和四块组合型扭网壳。

(4) 小跨度的球面网壳的网格布置可采用肋环型,大中跨度的球面网壳宜采用能形成三角形网格的各种网格类型。为不使球面网壳的顶部构件太密集,造成应力集中和制作安装的困难,宜采用三向网格型、扇形三向网格型及短程线型网壳;也可采用中部为扇形三向网格型,外围为葵花形三向网格型组合形式的网壳。

(5) 小跨度的圆柱面网壳的网格布置可采用联方网格型,大中跨度的圆柱面网壳采用能形成三角形网格的各种网格类型。双曲扁网壳和扭网壳的网格选型可参照圆柱面网壳的网格选型。网壳选型是一个比较复杂的问题,通常应进行多方案综合分析比较后才能确定。

10.4 工程实例

(1) 上海某中学体育馆

图 10-8 为上海某中学体育馆,平面尺寸为 30m×50m,矢高 8m,采用了三向单层筒网壳结构,网壳沿波长方向划分 14 格,形成的网格为等腰三角形,斜杆长度为 2.82m,水平杆长度为 2.5m。网壳两端山墙处及离一端山墙 10m 处共有三列柱子作为网壳支承,在纵向 40m 长度内,每隔 10m 增加一道由杆件组成的加强拱肋,以提高其稳定性。网壳的水平推力依靠建筑物自身的刚度和适当放大檐口断面尺寸来承受,通过设置大天沟,把网壳的水平推力集中传到两端山墙。

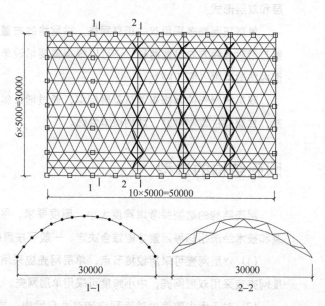

图 10-8 上海某中学体育馆三向网格型单层筒网壳屋盖

(2) 北京东城区少年宫气象厅

图 10-9 (a) 为北京东城区少年宫气象厅,网壳直径 12m,为单层短程线球壳,

网壳支承在一根略有高低起伏的圈梁上；图 10-9（b）为中国科技馆球形影院以一个直径为 27m 的单层球网壳作为银幕的支架，采用了联方形网格。

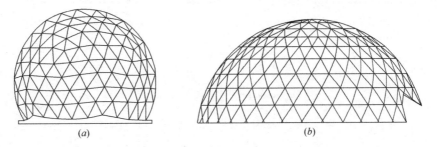

图 10-9　球网壳实例

（a）少年宫气象厅；（b）中国科技馆球形影院

（3）北京石景山体育馆

图 10-10 为北京石景山体育馆，该建筑平面是边长为 99.1m 的正三角形，屋盖有三片四边形的双曲抛物面双层扭网壳组成，各网壳支承在中央的三叉形格构式钢刚架和外缘的钢筋混凝土边梁上。每片网壳有两族立放的直线形平行弦桁架组成基本网格，再加上第三方向（网格的对角线方向）的桁架形成完整的网壳，网壳厚度为 1.5m。整个屋盖结构体系受力明确，刚架拔地而起形成三足鼎立之势，而网壳的三个角高高翘起，呈现出展翅欲飞的建筑造型。

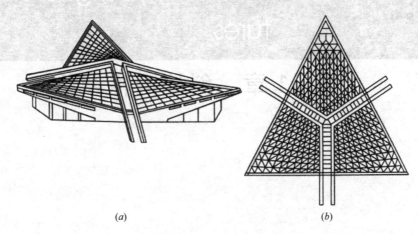

图 10-10　北京石景山体育馆

（a）体育馆立面；（b）双层扭网壳

Chapter 11 Cable-stayed grid structures

第11章 斜拉网格结构

第11章　斜拉网格结构

11.1　斜拉网格结构的概念

　　斜拉网格结构是斜拉桥技术及预应力技术综合应用到空间结构而形成的一种形式新颖的预应力大跨度空间结构体系。整个结构体系通常由屋面结构、伸高的桅杆或下置的塔柱、斜拉索等部分组成并协调工作，是一种杂交组合空间结构，如图 11-1 所示。

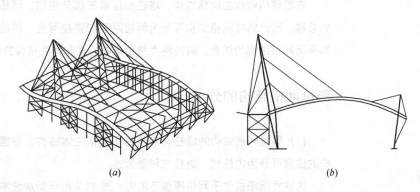

图 11-1　斜拉网格结构

(*a*) 透视图；(*b*) 剖面图

　　斜拉结构中的屋面结构一般为刚性或半刚性传统结构，如空间网架、网壳、平面桁架或梁系，由塔柱或桅杆顶部挂下斜拉索直接与刚性屋盖构件相连。预应力斜拉结构由于其良好的受力性能和经济性能，在房屋结构中的应用日益增多，广泛用于体育场馆、飞机库、展览馆、挑篷、仓库等工业与民用建筑。

11.2　斜拉网格结构的特点

　　(1) 斜拉索为空间刚性结构提供一系列中间弹性支承，改变结构的受力分布，可使结构不需要增大结构高度和构件截面即能跨越很大的跨度。

　　(2) 斜拉索分担的部分荷载直接由桅杆传至基础，传力路径简洁，结构受力合理。

　　(3) 对承载能力已相对较高的刚性结构施加预应力，更能充分发挥高强钢材的强度，使不同性质的材料与结构相互优化组合，扬长避短。

　　(4) 通过张拉斜拉索施加预应力，更能够主动调整结构的内力和变形，能够部分抵消外荷载作用下的内力和挠度，从而使得斜拉结构具有更好的结构性能和经济性能。

　　(5) 相对于悬索结构等其他预应力索结构，斜拉结构体系中斜拉索的制作安装以及预应力的施加都比较简便。

(6) 斜拉结构中的桅杆立柱以及斜拉索、锚固等都会增加费用，因此只有在中大跨度的空间结构中才具有较好的经济性能。

11.3 斜拉网格结构的形式和分类

11.3.1 斜拉网格结构的组成

斜拉网格结构由网格结构、塔柱和拉索三部分组成。网格结构是网架和网壳的总称，因此斜拉网格结构可分为斜拉网架和斜拉网壳。斜拉网架结构是斜拉索和平面网架结构的结合，斜拉网壳结构是斜拉索和网壳结构的结合。

11.3.2 斜拉网格结构的分类

(1) 斜拉网格结构的塔柱通常独立于网格主体结构，根据塔柱与网格主体结构的位置可分为内柱式、边柱式和混合式。

内柱式指塔柱位于网格覆盖范围内，图 11-2 所示新加坡港务局 A 型仓库和图 11-3 所示浙江大学体育场司令台采用的便是内柱式；边柱式指塔柱位于网格覆盖范围的边缘或外部，图 11-4 所示北京亚运会综合体育馆便是边柱式；混合式指既有位于网格覆盖范围之内的塔柱，又有网格覆盖范围的边缘或外部的塔柱。

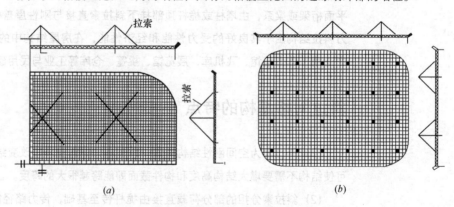

图 11-2　新加坡港务局 A 型仓库斜拉网架
(a) 平面图局部；(b) 平面图

(2) 按斜拉网格结构中斜拉索的布置方式不同，可分为单层布索、双层布索和多层布索。

单层布索有辐射式（图 11-5a）；双层或多层布索有竖琴式（图 11-5b）、扇形式（图 11-5c）、星形式（图 11-5d）和变异形式布索（图 11-5e、f）。

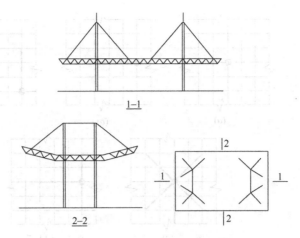

图 11-3　浙江大学体育场司令台结构示意图

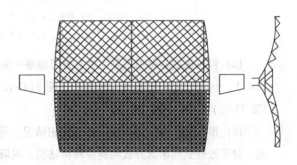

图 11-4　北京亚运会综合体育馆结构示意图

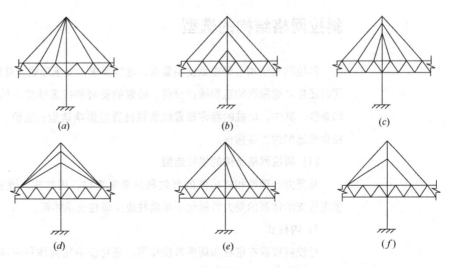

图 11-5　斜拉索竖向布置示意图

(*a*) 辐射式布索；(*b*) 竖琴式布索；(*c*) 扇形布索；(*d*) 星形布索；

(*e*) 变异布索方案之一；(*f*) 变异布索方案之二

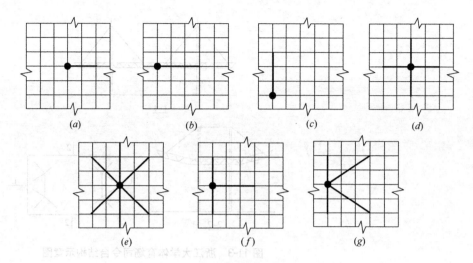

图 11-6 斜拉索平面投影

(*a*)、(*b*) 一字形；(*c*) 直角形；(*d*) 十字形；(*e*) 米字形；

(*f*) "T" 字形；(*g*) "K" 字形

(3) 斜拉索在水平面投影上的布置可以是一字形（图 11-6*a*、*b*）、直角形（图 11-6*c*）、十字形（图 11-6*d*）、米字形（图 11-6*e*）、T 字形（图 11-6*f*）和 K 字形（图 11-6*g*）。

(4) 根据斜拉网格结构建筑物的封闭情况，可分为封闭式、敞开式和半敞开式。对于敞开式和半敞开式的斜拉网格结构，风吸力和向上的风荷载对结构的影响较大，必要时需要设置稳定索，以平衡风荷载。

11.4 斜拉网格结构的选型

斜拉网格结构主要根据使用要求、建筑要求、支承形式、荷载大小进行选型，同时还应考虑屋面构造和维护材料、拉索的安装和拉索预应力的张拉等施工能力和条件。其中，塔柱的容许布置位置往往直接影响选型；造价、用钢量和拉索张拉也是选型的主要指标。

(1) 斜拉网格结构的塔柱选型

从受力合理性和斜拉索的有效利用角度来讲，内柱式、混合式优于边柱式，多塔柱支承体系的受力性能优于单塔柱或少塔柱支承体系。

1) 内柱式

可使斜拉索在塔柱四周多方位布置，还可使斜拉索作用在塔柱上的张力水平分量自行平衡。这样既充分发挥空间受力作用，又减少塔柱弯曲内力。

为便于拉索布置和塔柱上的索力平衡，减少结构杆件内力、挠度，网格结构周边宜有适当悬挑，可取跨度的 1/4～1/3。

拉索可沿塔柱周围按辐射式、竖琴式、扇形和星形等几种基本形式单向、双向或多向布置，也可采用这几种基本形式的变异形式。

2）边柱式：采用在塔柱与网格结构间的一侧布索。这样塔柱柱底弯矩较大，必须在塔柱的另一侧设置可靠的平衡索或锚索，如图 11-7 所示。

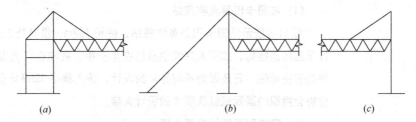

图 11-7　平衡索或锚索布置示意图

(*a*) 平衡索示意；(*b*) 锚索示意之一；(*c*) 锚索示意之二

（2）斜拉索的布置

斜拉索的布置方案根据建筑要求、塔柱位置和结构受力、支座情况确定。具体布索时应使索的设置有利于网格结构跨中挠度的减少，有利于网格结构杆件内力的降低和分布均匀。一般不宜平面布索和单方向布索。

（3）斜拉索预张力的受力分析及构造要求

其竖向分力是有利的，可以部分抵消工作荷载，给网格结构提供弹性支承。

水平分力可能引起网格结构部分杆件的内力增加或变号，是一种不利影响。

因此，斜拉索倾角不宜太小，一般宜大于 25°，否则将导致弹性支承作用减弱、内力过大和连接节点构造上的困难。

为了保证斜拉索的水平夹角大于 25°，塔柱应有一定高度。但塔柱过高增大了斜拉索的长度，使索、塔柱造价比重增大。因此，在设计中应进行拉索倾角和塔柱高度的多方案比较。

（4）斜拉网格结构的网格选型

如果平面形状为矩形且周边支承，则平面边长比对网格选型影响较大，而跨度大小的影响较小。

当平面形状为方形或接近方形，应优先选用斜放四角锥和棋盘形四角锥网格形式。

若平面为狭长形状（边长比 1.5～2.5），则正放类型网架略优于斜放类型网架。

斜放网壳一般采用斜拉双层或多层网壳（可含局部单层网壳）。

网壳曲面形状可选用柱面网壳、球面网壳、椭圆抛物面网壳（双曲扁网壳）。其中柱面网壳的曲线有圆弧形、椭圆线、悬链线或抛物线。

（5）斜拉体系的网格结构支座

可放置在柱顶、柱牛腿、柱间桁架上，也可放置在由柱或墙体支承的圈梁或联系梁上。由于柱、墙体的侧向刚度较小，分析时应注意处理相应的边界条件。

11.5   工程实例

(1) 法国卡巴里奥收费站

图 11-8 所示法国卡巴里奥收费站，站长 152m，最宽处 32m，4 个锥形支撑桅杆吊起屋顶结构，如同大海波浪悬挂在半空中。夜晚在灯光照射下像一艘将要靠岸的航空母舰。正是因为不同寻常的设计，该工程在 1999 年获得了由国际织物工业协会组织的国际成就奖项中的设计大奖。

(2) 塞维利亚阿拉米罗大桥

图 11-9 所示 1992 年建成的塞维利亚阿拉米罗大桥，倾斜成 58°，耸立着的桥塔高为 162m。桥塔的结构是填充了混凝土的钢筒。由于桥塔的重量足以平衡桥面，一般斜拉桥中常用的后牵索在这里就不需要了。

图 11-8　法国卡巴里奥收费站

图 11-9　塞维利亚阿拉米罗大桥

(3) 北京奥林匹克体育中心游泳馆

1990 年北京市为亚运会而设计的北京奥林匹克体育中心游泳馆（图 11-10）

是第十一届亚运会游泳、跳水等运动项目的比赛场地。该工程是斜拉网格结构，采用双坡曲线屋面，局部为双层屋面。屋盖覆盖面积为 117m×78m，檐口外挑出 5m，山墙外挑出 4m，屋面板为保温复合板采用彩色金属压型钢板与聚苯饱抹保温材料复合而成。该工程东、西两端设有 70m 和 60m 不等高的两座独立塔柱，吊挂 24 道斜拉索承受整个屋面的重量。斜拉索吊挂结构由高大的独立塔柱斜拉索和箱形主钢梁三部分组成。

图 11-10　北京奥林匹克体育中心游泳馆

(4) 深圳市游泳跳水馆

深圳市游泳跳水馆采用纵横向立体桁架网格体系，4 根格构式桅杆和 16 根斜拉钢棒组合而成，如图 11-11 所示。

图 11-11　深圳市游泳跳水馆收费站

Chapter 12 Cuble-strut tensile structures

第12章　索杆张力结构

第12章　索杆张力结构

索杆张力结构是由索和杆为基本构成单元、通过预应力提供结构刚度的一类空间结构体系。它由张力索和压杆组成，是具有预应力平衡体系的结构。索杆张力结构的定义是针对结构的组成单元和预应力体系而言的。

12.1　索杆张力结构的特点

索杆张力结构的工作原理：索的伸缩和单元构件的运动将不断改变外形，由此产生和改变预应力的分布，使结构时刻处于结构自平衡状态，最后成为稳定的结构状态，并具有足够的刚度抵抗外荷载。它的工作状态可以分为施工成形态、预应力平衡态和荷载态。

索杆张力结构由于包含了大量的柔性索，因此具有索结构的一些特点；同时索与压杆组合在形体上有更多的变化，这样形成的穹顶又具有网壳的特点：

(1) 全张力状态。由大量的张力索和受压桅杆构成的索杆张力结构是一种全张力体系，可以形象的描述为"受压桅杆处于海洋中的孤岛"。

(2) 多机构位移模态。索杆张力结构内部存在一个或多个机构位移模态，在成形前，结构体系处于不稳定的状态，在成形后成为具有无穷小机构的几何稳定体系。

(3) 自应力平衡体系。索杆张力结构是一种自应力平衡体系，通常存在一种或多种自应力模态，这些自应力模态决定了结构自平衡预应力分布。

(4) 结构的刚度由预应力得以保证。索杆张力结构刚度在成形过程中随着预应力的产生而逐渐产生，预应力水平和分布情况与结构的拓扑形状密切相关。

(5) 力学性能和形状与施工方法有关。索杆张力结构的最后形状、成形中各单元的受力情形与施工方法和过程有关。

(6) 张力结构中预应力的获取：并不采用任何张拉的方式，而是通过单元内索元和杆内在的拉伸、压缩或改变节点的相对位置来实现。只有存在一个应力回路使应力不流失，预应力才能有效提供刚度。

根据定义，索杆张力结构主要分为张弦梁结构、张拉整体结构、索穹顶结构、环形张力索桁结构、弦支穹顶结构、空间索桁结构。

12.2　张弦梁结构

张弦梁结构得名于该结构体系的受力特点，即"弦通过撑杆对梁进行张拉"。

张弦梁结构由三类构件组成，即可以承受弯矩和压力的上弦刚性构件（通常为梁、拱或桁架）、下弦的高强度拉索以及连接两者的撑杆，见图 12-1。

梁　　　　　+　　　　　索　　　　　=　　　　　张弦梁

图 12-1　张弦梁示意图

12.2.1　张弦梁结构的受力特性

（1）张弦梁结构的基本受力特性是通过张拉下弦高强度拉索使得撑杆产生向上的分力，导致上弦构件产生与外部竖向荷载作用下相反的内力和变位，从而降低上弦构件的内力，减小结构的变形。

（2）认为该结构是在双层悬索体系中的索桁架基础上，将上弦索替换为刚性构件而产生。其优点是由于上弦刚性构件可以承受弯矩和压力，一方面可以提高桁架的刚度，另一方面内力可以在其内部平衡（自平衡体系），而不再需要支承系统提供的水平反力来维持。

（3）将张弦梁结构看作为用拉索替换常规平面桁架结构的受拉下弦而产生的结构体系，这种替换使得桁架的下弦拉力不仅可以由高强度拉索来承担，更重要的是可以通过张拉拉索在结构中产生预应力，从而达到改善结构受力性能的目的。

12.2.2　张弦梁结构的特点

（1）张弦梁结构构成简洁，力流传递明确。张弦梁结构通常为平面受力体系或由平面受力单元组合而成的空间受力体系，其腹层构件只有竖腹杆，不存在斜腹杆，并且竖腹杆间距大于普通的平面桁架。

（2）张弦梁结构形式轻盈而富于建筑表现力，是建筑师乐于采用的一种大跨度结构体系。

（3）张弦梁结构具有跨越较大空间的能力。与普通的平面桁架相比，张弦梁结构的下弦采用高强度拉索，取消了较长的斜腹杆。当跨度增加时，结构跨中高度可以相应地提高来保证必要的整体刚度。而跨度增加造成的下弦内力增加又通过高强度拉索来承担。同时由于不存在斜腹杆，竖腹杆的受力较小，其间距也可以较普通平面桁架增大。

（4）张弦梁结构的构件内力可以自平衡，除竖向反力外，其并不对支承结构造成水平推力，从而减轻了支承结构的负担。张弦梁结构的下弦拉索通常在现场进行张拉。因此只要配合上弦构件的合理加工，结构的起拱可以通过拉索的张拉来完成。

(5)张弦梁结构的缺点：是一种风荷载敏感结构，对于设计风荷载较大且采用轻屋面系统的张弦梁结构，在风吸力作用下可能出现下弦拉索受压而退出工作的情况；随着张弦梁结构跨度的增加，尽管下弦采用了高强度拉索来有效抵抗拉力的增加，但是由于不存在斜腹杆，上弦刚性构件通常为压弯构件，从而使得构件截面增大；由于竖腹杆长度增加，考虑到长细比的控制，构件截面通常也较大。

12.2.3 张弦梁结构的形式和分类

张弦梁结构可以分为平面张弦梁结构和空间张弦梁结构两种形式。

(1) 平面张弦梁结构

平面张弦梁结构的结构构件位于同一平面内，并且是以平面内受力为主的张弦梁结构。

1) 平面张弦梁结构的分类

根据上弦构件的形状可分为三种基本形式：直梁型张弦梁、拱型张弦梁和人字拱型张弦梁结构（图12-2）。

① 直梁型张弦梁的上弦构件呈直线形，通过拉索和撑杆件为其提供弹性支承，从而减小上弦构件的弯矩，其主要适用于楼板结构和小坡度屋面结构。

② 拱型张弦梁除了拉索和撑杆为上弦构件提供弹性支承，减小拱上弯矩的特点外，由于拉索张力可以与拱推力相抵消，一方面充分发挥了上弦拱的受力优势，同时也充分利用了拉索抗拉强度高的特点，适用于大跨度甚至超大跨度的屋盖结构。

③ 人字拱型张弦梁结构主要用下弦拉索来抵消两端推力，通常其起拱较高，所以适用于跨度较小的双坡屋盖结构。

2) 平面张弦梁结构的共同特点

平面张弦梁结构的布置必须充分保证结构平面外的稳定性，可以考虑两方面的措施：其一是采用平面外刚度较大的上弦构件；其二是要重视屋面水平支撑系统的设置，从目前国内已建成的几个大跨度张弦梁工程来看，其屋面均布置了密布的上弦水平交叉支撑。

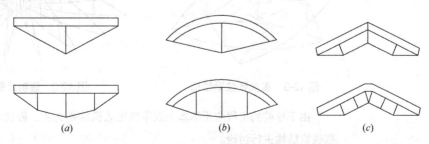

(a)   *(b)*   *(c)*

图12-2　平面张弦梁结构的基本形式

(a) 直梁型张弦梁；*(b)* 拱型张弦梁；*(c)* 人字拱型张弦梁结构

(2) 空间张弦梁结构

空间张弦梁结构大多是以平面张弦梁结构为基本组成单元，通过不同形式的空间布置所形成的以空间受力为主的张弦梁结构。可以分为以下几种形式：

1）单向张弦梁结构：是在平行布置的单榀平面张弦梁结构之间设置纵向支承索，如图12-3所示。纵向支承索一方面可以提高整体结构的纵向稳定性，保证每榀平面张弦梁的平面外稳定，同时通过对纵向支承索进行张拉，为平面张弦梁提供弹性支承，因此此类张弦梁结构属于空间受力体系，该结构形式适用于矩形平面的屋盖。

2）双向张弦梁结构：是由单榀平面张弦梁结构沿纵横向交叉布置而成，如图12-4所示。两个方向的交叉平面张弦梁相互提供弹性支承，因此该体系属于纵横向受力的空间受力体系。该结构形式适用于矩形、圆形及椭圆形等多种平面的屋盖。

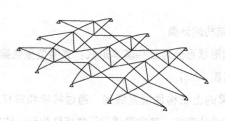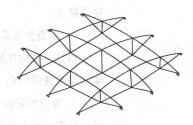

图 12-3 单向张弦梁结构   图 12-4 双向张弦梁结构

3）多向张弦梁结构：是将平面张弦梁结构沿多个方向交叉布置而成，如图12-5所示，适用于圆形平面和多边形平面的屋盖。

4）辐射式张弦梁结构：由中央按辐射状放置上弦梁，梁下设置撑杆，撑杆用环向索或斜索连接，如图12-6所示。该结构形式适用于圆形平面或椭圆形平面的屋盖。

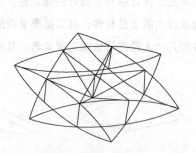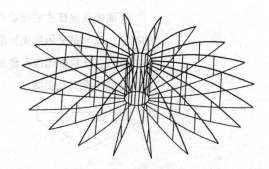

图 12-5 多向张弦梁结构   图 12-6 辐射式张弦梁结构

由于目前的工程应用基本上以平面张弦梁结构为主，因此本篇主要针对平面张弦梁结构进行讨论。

12.3　索穹顶结构

索穹顶结构是 20 世纪 80 年代以来风靡全球的大跨度结构，是美国工程师盖格尔（B. H. Geiger）发展和推广富勒（R. B. Fuller）张拉整体结构思想后实现的一种新型大跨结构，是一种结构效率极高的张力集成体系或全张力体系。它采用高强钢索作为主要受力构件，配合使用轴心受力杆件，通过施加预应力，巧妙地张拉成穹顶结构。该结构由径向拉索、环索、压杆、内拉环和外压环组成，其平面可建成圆形、椭圆形或其他形状。

索穹顶结构实际上是一种特殊的索—膜结构，其外形类似于穹顶，而主要的构件是钢索，由始终处于张力状态的索段构成穹顶，利用膜材作为屋面，因此被命名为索穹顶。由于整个结构除少数几根压杆外都处于张力状态，所以充分发挥了钢索的强度，只要能避免柔性结构可能发生的结构松弛，索穹顶结构便无弹性失稳之虞。

12.3.1　索穹顶结构的特点

(1) 全张力状态。 索穹顶结构处于连续的张力状态，从而让压力成为海洋中的孤岛，由始终处于张力状态的索段构成穹顶。

(2) 与形状有关。 索穹顶的工作机理和能力依赖于自身的形状。如果不能找出使之成形的外形，索穹顶结构不能工作，如果找不到结构的合理形态，也就没有良好的工作性能。

(3) 预应力提供刚度。 结构几乎不存在自然刚度，结构的形状、刚度与预应力分布及预应力值密切相关。

(4) 自支承体系。 索穹顶可以分解为功能迥异的三个部分：索系、桅杆及箍(环)索。索系支承于桅杆之上，索系和桅杆互锁。

(5) 自平衡。 在荷载态，桅杆下端的环索和支承结构中的钢筋混凝土环梁或环形立体钢网架均是自平衡构件。

(6) 与施工方法和过程有关。 索穹顶的成形过程就是施工过程。

(7) 非保守结构。 索穹顶结构在加载后，尤其在非对称荷载作用下，结构产生变形，结构刚度也发生了变化，当卸去这些荷载后，结构不能完全恢复到原来的形状和位置，也不能恢复原来的刚度。

(8) 造型优美。 索穹顶结构自然形成的穹顶，不仅便于排水，而且造型美观，可满足各种风格的建筑要求，使用不同色调的高强膜材做屋面，可形成与山、水、森林对应的格调和谐、造型新颖的旅游建筑。

(9) 造价低。 索穹顶结构造价在同类大跨结构中较低，经济效应明显。

（10）**施工速度快。**索穹顶结构施工方便快捷，所用钢索、压杆、节点锚具、外压环梁均可在工厂中生产成型，可以节约施工场地并能加快工程进度，具有环保性施工的特点。

12.3.2 索穹顶结构的形式和分类

（1）按网格组成分类

根据拓扑结构的不同，索穹顶结构大致分为盖格尔肋环型索穹顶、双曲抛物面—张拉整体穹顶、索桁穹顶、利维体系索穹顶、葵花型索穹顶、凯威特体系穹顶等。

1）盖格尔肋环型索穹顶：

这种结构体系呈圆形，由连续的受拉钢索和不连续的压杆组成，见图12-7。力从中心受拉环通过辐射状的径向脊索、谷索、环向拉索、斜拉索传向周边的受压圈梁。扇形的膜材由钢索施加拉力并绷紧，固定在压杆与索连接处的节点上。代表建筑为1988年汉城奥运会体育馆和击剑馆。

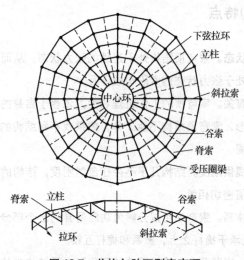

图12-7 盖格尔肋环型索穹顶

盖格尔体系索穹顶结构较为简单，荷载传递明确，施工难度低，并且对施工误差不敏感，同时由于设置了谷索，在风吸力作用下谷索将为整个结构提供刚度以抵抗升力作用。由于它的几何形状类似于平面桁架，所以结构的平面内刚度较小；各索桁架在平面外的稳定性能较差；同时由于该体系结构内部存在着机构，当荷载达到一定程度时，某些机构位移将会失去预应力对其产生的约束，从而出现整个结构的分支点失稳的情况。所以盖格尔体系索穹顶适用于中等跨度、均布荷载作用下的圆形平面屋顶结构形式。

2）双曲抛物面—张拉整体穹顶

在盖格尔索穹顶的基础上，美国工程师M. Levy开发了一种"双曲抛物面—张拉整体穹顶"。与盖格尔索穹顶的不同之处在于，中间设置了中央桁架以连接两个半圆；上索网采用了三角形网格以适应非圆形的外形；另外，膜采用菱形单元就能形成具有足够刚度的双曲抛物面，如图12-8所示。

经过三角划分的Levy（利维）体系索穹顶，虽然增加了结构的复杂性，并使结构对制造和施工误差较为敏感，但由于结构构成立体桁架，消除了内部机构，几何稳定性明显提高，从而提高了结构抵抗非均布荷载作用的能力。与盖格尔体系相比，Levy 体系索穹顶上部的薄膜更易于铺设，屋面更易升高，并能更好地解决屋面自由外排水问题；并且经过三角划分后，可适用于多种平面形式。所以说Levy（利维）体系索穹顶是一种更具有生命力的结构形式。

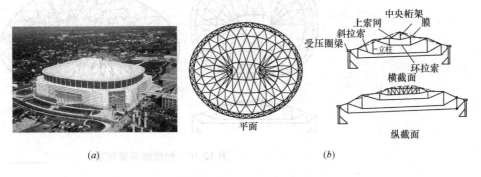

图 12-8 佐治亚穹顶

（*a*）全景图；（*b*）结构剖面图

　　3）索桁穹顶：如图 12-9 所示，它由多根辐射状布置的拱形杆系支承，并由多束索段组成以形成张力索，杆系是由刚性杆件组成以作为受压杆。索锚于连续的压环，也可以各自与周围的地锚相连；索的另一端与中央张力环或刚性杆件的端部相连。索自压环伸出直至中央张力环形成上弦或脊索；部分索自压环伸出后成为斜索。由上弦、斜索和桅杆组成的三角形是相互独立的，这些三角形之间没有公共边。桅杆竖向排列，它们的上端在上弦与相邻三角形的斜索的交点处与索相连。索系形成的上弦相继以相应的数量分叉以形成斜索。在构成支承索后，张力环所组成的索束锚固于桅杆底部。

　　4）利维体系索穹顶：如图 12-10 所示，该体系对盖格尔体系索穹顶进行了三

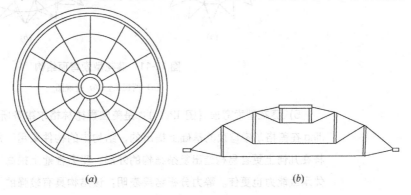

（*a*）　　　　　　　　　　（*b*）

图 12-9 索桁穹顶

（*a*）平面图；（*b*）剖面图

角划分，消除了结构存在的机构，提高了结构的几何稳定性和空间协同工作能力，较好地解决了穹顶上部薄膜的铺设和屋面自由外排水等问题；同时也使索穹顶结构能够适用于更多的平面形状。利维体系可用于大跨度屋盖结构。

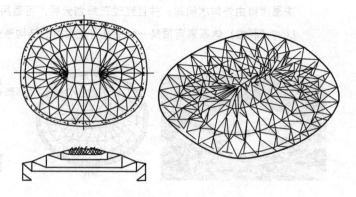

图 12-10 利维体系索穹顶

利维体系与盖格尔体系的主要区别在于脊索和斜索的布置。盖格尔体系的脊索、斜索和立柱均在同一平面内，每个节点上仅有一根斜索相连，脊索沿径向布置，斜索、立柱与其相应的脊索构成一竖向平面三角形；利维体系的脊索、斜索和立柱不在同一平面内，而是构成立体桁架，每个立柱顶的节点上有 2 根斜索与相邻内环立柱底的节点相连，每个节点有 4 根脊索，脊索网的平面投影为四边形或三角形。

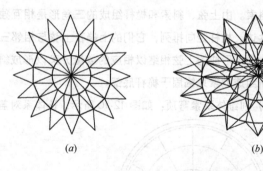

(a)   (b)

图 12-11 葵花型索穹顶结构

(a) 俯视图；(b) 透视图

5）葵花型索穹顶（图 12-11）：是美国魏德林格尔事务所的工程师 M. Levy 和 Jing 在盖格尔索穹顶的基础上提出的，结构中的构件采用三角化的拓扑形式，这样在几何上更容易构造出复杂结构的外形，受力性能上提高了结构的稳定性，整体承载能力也更佳。静力分析结果表明：该结构具有较强的承载能力，在不对称荷载作用下结构变形并不剧烈。

6）凯威特体系索穹顶：凯威特体系又称扇形三向型网格索穹顶结构，如图 12-12 所示。它改善了施威德勒型（肋环斜杆型）和联方型（葵花型三向网格型球面穹顶）中网格大小不均匀的缺点，综合了旋转式划分法与均分三角形划分法的优点。因此，不但网格大小匀称，而且刚度分布均匀，可望以较低的预应力水平，实现较大的结构刚度。

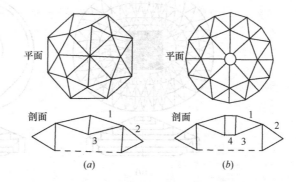

图 12-12　凯威特体系索穹顶结构

(a) 不设内环；(b) 设内环

1—压杆；2—斜索；3—环索；4—内拉索

(2) 按封闭情况分类：

按照封闭情况分，可以将索穹顶结构分为全封闭式索穹顶、开口式索穹顶和开合式索穹顶三种。

1）全封闭式索穹顶：盖格尔肋环型索穹顶、利维体系索穹顶、凯威特体系索穹顶为典型的全封闭式索穹顶结构，这是索穹顶普遍采用的结构形式。

2）开口式索穹顶：索穹顶中的张力内环起着极其重要的作用，环索不仅是自封闭的，而且也是自平衡的，因而可以作为大开口索穹顶的内边缘构件。当然，内边缘构件也可做成轻型构架。图 12-13 给出了一个中间大开孔的索穹顶结构。图 12-14 是 2002 年世界杯足球赛韩国釜山主体育场，采用开孔的索穹顶结构。

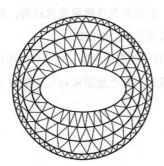

图 12-13　中间大开孔的索穹顶结构图

图 12-14　韩国釜山主体育场

3）开合式索穹顶：继亚特兰大索穹顶之后，利维等人设计并建成了位于沙特阿拉伯的利雅德大学体育馆，采用开合式的索穹顶结构，如图 12-15 所示，与众不同之处在于采用立体桁架作为外压力环。

(3) 按覆盖层材料分类：

按照覆盖层材料划分，可将索穹顶划分为薄膜索穹顶和其他材料索穹顶两种。

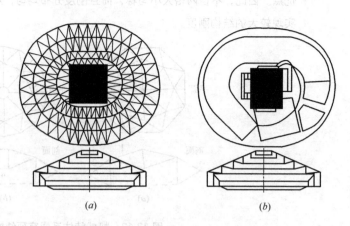

图 12-15 利雅德大学体育馆开合式索穹顶

(*a*) 闭合状态；(*b*) 开启状态

1) 薄膜索穹顶：索穹顶结构的覆盖层通常采用高强薄膜材料做成，它铺设在索穹顶的上部钢索之上，并通过一定方式将膜材张紧产生一定的预张力，以形成某种空间形状和刚度来承受外部荷载。这种薄膜材料由柔性织物和涂层复合而成。目前国际上通用的膜材有以下几种：聚酯纤维涂聚氯乙烯（PVC）、玻璃纤维涂聚四氯乙烯（PTFE）、玻璃纤维涂有机硅树脂等。

PVC 材料的主要缺点是强度低、弹性大、易老化、徐变大、自洁性差，但价格便宜、易加工制作、色彩丰富、抗折叠性能好。为提高抗老化和自洁能力，可在表面涂一层聚四氟乙烯，其寿命可达 15 年左右。

PTFE 材料的抗拉强度高，弹性模量大，自洁、透光、耐火等物理力学性能好，但价格较贵，不宜折叠，对裁剪制作精度要求较高，寿命一般在 30 年以上，目前应用量最为广泛，特别适用于永久性建筑。

2) 其他材料索穹顶：索穹顶的屋面材料，除了采用膜材之外，也可采用刚性材料，如压型钢板、铝合金板等。刚性屋面索穹顶用钢量虽较高，但造价仍相对较低。

12.4　弦支穹顶结构

12.4.1　弦支穹顶结构的概念

如图 12-16 所示，典型的弦支穹顶体系由一个单层球面网壳、下端的撑杆及预应力拉索组成。撑杆上端与单层球面网壳相对应的各层节点铰接，下端通过径向拉索与下一层单层网壳节点相连，同一层撑杆下端由环向箍索连接，撑杆和预

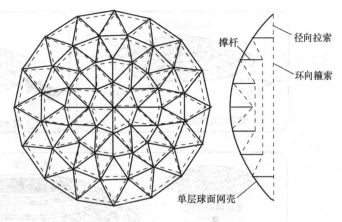

撑杆
径向拉索
环向箍索
单层球面网壳

图 12-16 弦支穹顶结构

应力拉索构成张拉系统，与单层球面网壳共同承受荷载作用。这样，弦支穹顶同时发挥了单层球面网壳和张拉体系各自的优势，成为更有效、更经济的跨越大跨度的新型结构体系。

弦支穹顶适用于圆形或椭圆形平面的建筑，对于矩形平面的建筑，弦支穹顶通过径向的和纬向的蜕变，形成两向汇交网格，而扩展为普通的弦支结构体系。实际上，弦支穹顶是弦支结构中刚性上弦为球网壳的一种特例。弦支结构的预应力优化、非线性承载能力分析、抗震性能、静动力稳定的理论分析等与弦支结构基本相同，所不同的是形态学分析中网格形成和形状判定等的前处理阶段。由于建筑功能布置的原因，平面为矩形的情形比圆形要多，因此，弦支结构体系可以更广泛地应用于大量的工程中。平面型的弦支结构在国内外工程中均有研究和应用，对三向的弦支结构还有很多研究工作要做。

弦支穹顶结构的来源可以有两种理解：一是来自于索穹顶，即用刚性的上弦层取代索穹顶结构中柔性的上弦层而得到；二是用张拉整体的概念来加强单层网壳结构，以提高单层网壳的稳定性及结构刚度。两种理解方法同时也都说明了弦支穹顶结构是张拉整体类的结构体系。

图 12-17 非常清晰地揭示了弦支穹顶的结构原理：单层网壳穹顶结构整体稳定性较差，而且对周边构件产生较大的水平推力，需要在其周边设置受拉环梁；张拉整体索穹顶必须施加高预应力来保证结构形状的稳定，高预应力对周边构件产生较大的水平拉力，需要在其周边设置受压环梁以平衡拉索预拉力。单层网壳穹顶和弦支体系相结合形成弦支穹顶，弦支体系中索的预应力通过撑杆使单层网壳产生与使用荷载作用时相反的位移，从而部分抵消了外荷载的作用；联系索与梁之间的撑杆对于单层网壳起到了弹性支撑的作用，从而可以减小单层网壳杆件的内力；同时，下部斜索负担了外荷载对单层网壳产生的外推力，从而不会对边缘构件产生水平推力，整体结构形成自平衡体系。

弦支穹顶结构把单层网壳的刚度和索穹顶结构的高效能结合在一起，使结构

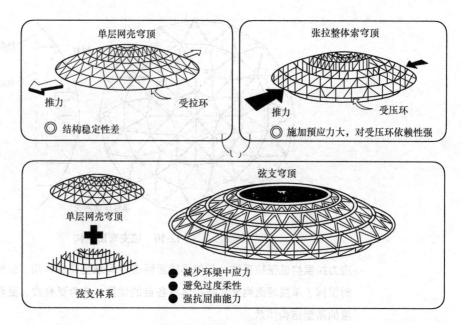

图 12-17 弦支穹顶的结构原理

具有一定的刚度,简化了节点构造,方便了设计和施工,而且使结构整体的强度、刚度和稳定性有了显著改善。该结构的传力路径很明确:结构最初建成时,通过对索施加适当的预拉力,减小结构在荷载作用下上部单层网壳对支座的推力,在结构受外来荷载作用时,内力通过上端的单层网壳传到下端的撑杆,再通过撑杆传给索,索受力后,产生对支座的反向拉力,使整个结构对下部的约束环梁的横向推力大大减小。与此同时,由于撑杆的作用,大大减小了上部单层网壳各层节点的竖向位移和变形,从而大大提高了结构的效能。

12.4.2 弦支穹顶结构的特点

(1) 弦支穹顶是一种异钢种预应力空间钢结构,其中高强度预应力拉索的引入使钢材的利用更加充分,结构自重及结构造价因此而降低,同时使弦支穹顶在跨越更大跨度方面具有较大的潜力。

(2) 通过对索施加预应力,上部单层网壳将产生与荷载作用反向的变形和内力,从而使结构在荷载作用下上部网壳结构各构件的相对变形小于相应的单层网壳,使其具有更大的变形储备;联系索与梁之间的撑杆对于单层网壳起到了弹性支撑的作用,可以减小单层网壳杆件的内力,调整体系的内力分布,降低内力幅值;从张拉整体强化单层网壳的角度出发,张拉整体结构部分不仅增强了总体结构的刚度,还大大提高了单层网壳部分的稳定性;因此,跨度可以做得较大。

(3) 弦支穹顶在力学上最明显的一个优势是,结构对边界约束要求的降低。因为刚性上弦层的网壳对周边施以水平向外推力,而柔性的张拉整体下部对边界产生水平向内拉力，组合起来后二者可以相互抵消。

（4）弦支穹顶由于其刚度相对于索穹顶的刚度要大得多，使屋面材料更容易与刚性材料相匹配，因此屋面覆盖材料可以采用刚性材料。

（5）施工张拉过程比索穹顶结构得到较大的简化。上部单层网壳为几何不变体系，可以作为施工时的支座，预应力拉索可以简单地通过调节撑杆长度或斜索长度而获得张拉，施工变得简单和方便易行。

12.4.3　弦支穹顶结构的形式和分类

按照常见的单层网壳的网格可以把弦支穹顶结构的类型分为以下几种：

（1）肋环型弦支穹顶

肋环型弦支穹顶是在肋环型单层网壳的基础上形成的，肋环型单层网壳由许多相同的辐射实腹肋或桁架相交于穹顶顶部，下部安置在支座拉力环上，肋与肋之间放置檩条。在穹顶结构下部加上撑杆及拉索后，便形成了肋环型的弦支穹顶结构，如图 12-18 所示。

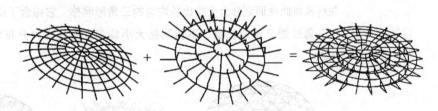

图 12-18　肋环形弦支穹顶

（2）施威德勒型弦支穹顶

施威德勒型弦支穹顶以施威德勒型网壳为基础形成。施威德勒型网壳是肋环形网壳的改进形式，由径向杆和斜杆组成，设置斜杆的目的是为了增强网壳的刚度并能承受较大的非对称荷载。对于弦支穹顶结构来说，由于其下部张拉整体部分的斜向拉索具有对称性，故采用双斜杆的网壳来作为其上部最为合理、美观。

（3）联方型弦支穹顶

联方型弦支穹顶以联方型网壳为基础形成，典型的联方型网壳是由左斜杆和右斜杆形成菱形的网格，两斜杆的交角为 30°~50°，造型美观，见图 12-19。

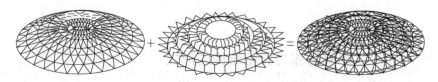

图 12-19　联方型弦支穹顶

当跨度增加，网格划分密集的时候，联方型网壳会出现内外圈网格尺寸差异很大的情况，这样会造成杆件受力不均、规格偏多以及施工上的不便。因此，常采用一种复合的联方——凯威特型网壳作为弦支穹顶的上弦层，以使网格尺寸相对均匀，减少不必要的杆件，受力更合理，施工更方便，如图12-20所示。

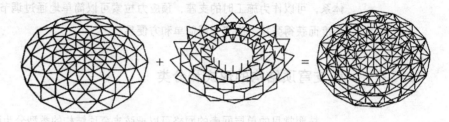

图12-20 改进的联方型弦支穹顶

(4) 凯威特型弦支穹顶

前面提到的各种弦支穹顶的网壳部分都存在网格大小不均匀的缺点，而凯威特型网壳正是为了改善这一点而诞生。它由 $n(n=6,8,12\cdots\cdots)$ 根通长的径向杆线把网壳分为 n 个对称的扇形曲面。然后在每个扇形曲面内，再由纬向杆系和斜向杆系将此曲面划分为大小比较均匀的三角形网格。它综合了旋转式划分法与均匀三角形划分法的优点，不但网格大小均匀，而且内力分布均匀，如图12-21所示。

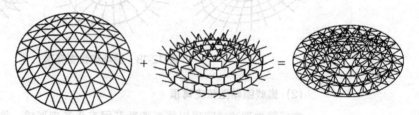

图12-21 凯威特型弦支穹顶

(5) 三向网格弦支穹顶

这种网壳的网格是在球面上用三个方向、相交成 $60°$ 的大圆构成，或在球面的水平投影面上，将跨度 n 等分，再做出正三角形网格，投影到球面上即可得到三向网格型球面网壳。

12.5 环形张力索桁结构

12.5.1 环形张力索桁结构的形式

环形张力索桁结构是继索穹顶结构之后，用于大型大跨度建筑中的新型索杆张力结构。图 12-22 是一个典型的环形张力索桁结构。

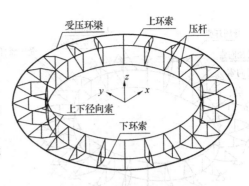

图 12-22　环形张力索桁结构

（1）索桁架的构成：由上弦索、下弦索和竖腹杆构成，一端固定在周边支承构件上（如受压环梁或桁架），另一端与内部环索连接。

（2）结构构成有以下两个重要特征：

1）首先为中部大开孔的环状结构，原因是该类结构主要用于覆盖体育场周边看台的罩棚结构；

2）该结构的基本构成是单元为径向索桁架。

（3）对环形张力索桁结构的结构性能理解：

1）一种观点认为该结构是辐射式预应力悬索结构（又称车辐式悬索结构）的衍生，无非是将中部钢拉环扩大，并用高强钢索代替。

2）另一种观点是从张拉整体结构体系的角度来理解其结构性能。

客观地说，环形张力索桁结构吸收了悬索结构和张拉整体体系两者的结构特点，但以悬索结构的影响更为深远。因为根据 Fuller 的描述，张拉整体体系的杆是作为连续张拉场中的压力过度，索穹顶结构充分体现了这种特征，但环形张力索桁结构中杆单元并不十分明显。因此，作为辐射式双层悬索体系的衍生更为贴切。

12.5.2　环形张力索桁结构的形状

从目前的工程应用情况来看，环形张力索桁结构通常适用于圆形、椭圆形以及近似圆形或椭圆形的环形平面形状。

根据内外圈曲线形状的不同，环形张力索桁可以有不同的平面形状，如内外圈均为圆形（CC 型，图 12-23）、外圈圆形内圈为椭圆形（CE 型，图 12-24）、外圈椭圆形内圈为圆形（EC 型，图 12-25）、内外圈均为椭圆形（EE 型，图 12-26）。

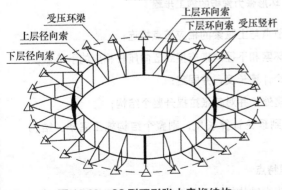

图 12-23　CC 型环形张力索桁结构

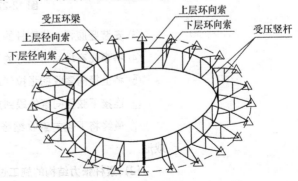

图 12-24　CE 型环形张力索桁结构

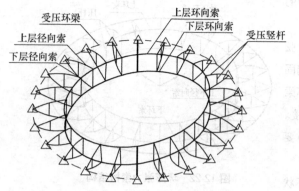

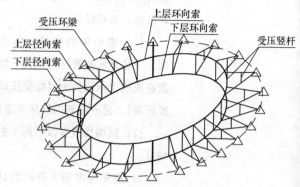

图 12-25　EC 型环形张力索桁结构　　　　　　图 12-26　EE 型环形张力索桁结构

12.5.3　环形张力索桁结构的施工

(1) 环形张力索桁结构的施工过程可以按以下步骤进行 (图 12-27):

① 首先在地面上将上环索拼装, 再将上径向索一端与上环索连接, 另一端与环梁处支座节点连接;

② 在支座节点处通过张拉设备收缩上径向索, 并牵引上环索到一定的标高;

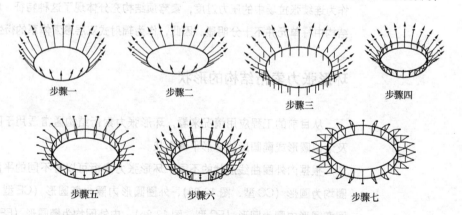

图 12-27　环形张力索桁的施工步骤

③ 安装竖腹杆, 将腹杆的上节点与上弦索的相应节点相连;

④ 将事先在地面拼装好的下环索和下径向索连接到竖向压杆相应的下节点;

⑤ 将上径向索收缩张拉到理论计算长度, 并固定;

⑥ 连接下弦径向索外段到支座处, 并对其张拉提升整个结构;

⑦ 最终将下径向索收缩张拉到理论计算长度, 则整个结构施工完毕, 结构成形。

(2) 索杆张力结构的施工过程特点

1) 从理想的角度来看, 索杆张力结构的施工与传统的空间杆系结构的施工一样，实际上是将一些已知长度的构件按照结构定义的拓扑关系进行组装。

2）从安装方式上来看，环形张力索桁罩棚结构的构件有两类：一类是上、下环索和压杆，构件长度就是理论计算长度，安装时直接按拓扑关系连接；另一类构件在施工中起辅助的提升和牵引功能。

3）从构件的安装过程来看，索杆张力结构的施工具有明显的阶段性特点。也就是说，构件是被分为若干个阶段成批安装的。

12.6 工程实例

(1) 上海浦东国际机场候机楼

上海浦东国际机场航站楼是国内首次采用张弦梁结构的工程，每榀张弦梁纵向间距为 9m，该张弦梁结构上、下弦均为圆弧形，上弦构件由三根方钢管组成，腹杆为 Φ350mm 圆钢管，下弦拉索采用 241Φ5 平行钢丝束，见图 12-28。

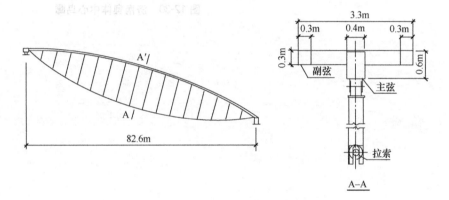

图 12-28 上海浦东国际机场张弦梁结构

(2) 中国台湾桃园体育场

中国台湾桃园体育场（图 12-29），1993 年建成，跨度 120m，有 3 圈环索，可容纳 15000 个观众，索穹顶屋盖下的混凝土受压环梁因雨水槽被加宽而向外悬挑，同时支撑环梁的基础结构向内收，整个体育场像一顶帽子。

(a)   (b)

图 12-29 中国台湾桃园体育场

(a) 全景图；(b) 内景图

(3) 济南奥体中心

2009年建成的济南奥体中心，在设计理念上，吸收市树"柳树"，市花"荷花"的视觉元素，形成了"东荷西柳"气势恢宏的建筑景观，如图12-30所示。体育馆主体结构为钢筋混凝土框架剪力墙结构，采用柱下独立基础，体育馆主馆屋盖采用弦支穹顶结构，索杆体系为肋环型，由环索和径向钢拉杆构成，共设3环，其中环索为平行钢丝束，径向钢拉杆为钢棒。另外局部设置构造钢棒，各环索均为单索，撑杆采用圆钢管，上端与网壳沿径向单向铰接，下端与索夹固接。

图12-30　济南奥体中心鸟瞰

Chapter 13 Membrane structures

第 13 章 膜 结 构

第13章　膜结构

13.1　膜结构的概念

膜结构泛指所有采用膜材及其支承构件（如拉索、钢骨架等）所组成的建筑物和构筑物。

膜结构是建筑结构中最新发展起来的一种形式。自 20 世纪 70 年代以来，膜结构以其造型新颖、质轻透光等优点在世界范围内得到了推广应用，它的产生与发展是深受 Fuller "少费多用" 思想的影响，即充分发挥了材料自身特性，用最少的物质材料建造最大容积建筑，已成为体育建筑、会展中心、商业设施、交通站场等屋盖的主要选型之一。

与传统的刚性结构不同，它是用高强度柔性薄膜材料与支承体系相结合形成具有一定刚度的稳定曲面，能承受一定外荷载的空间结构形式。它是以性能优良的织物为材料，或是向膜内充气，通过空气压力来支承膜面，或是利用柔性拉索或刚性支承结构将膜面绷紧，从而形成具有一定刚度、能够覆盖较大空间的结构体系。

膜结构建筑（Menbrane Structures）于 20 世纪后期成为国际上大跨度空间建筑及景观建筑的主要形式之一，具有强烈的时代感和代表性。它是集建筑学、结构力学、精细化工、材料力学、计算机技术等为一体的多学科交叉应用工程，具有很高的技术含量和艺术感染力、实用性强、应用领域广泛，其发展潜力巨大，将成为 21 世纪空间结构的发展主流。

13.2　膜结构的特点

(1) 膜结构的优点

1) 自重轻：膜结构比传统结构轻一个或几个数量级，单位面积的结构自重与造价也不会随跨度的增加而明显增加。

2) 艺术性：造型优美、富有时代气息、色彩丰富，在灯光的配合下易形成夜景，给人以现代美的享受。

3) 减少能源消耗：透光率在 7%～20% 左右，可充分利用自然光，白天使用不需人工照明；膜材料对光的折射率在 70% 以上，在日光灯照射下室内形成柔和的散光，给人以舒适、梦幻般的感受。

4) 施工速度快：膜片的裁剪制作、钢索和钢结构的制作均在工厂内完成，可与下部钢筋混凝土结构同时进行，在现场的施工比较迅速快捷。

5) 经济效应明显：虽然膜结构的一次投资稍大，但日常维护费用极小，被称为"免维护结构"，因此从长远来看，经济效果非常明显。

6）施工快：易做成可拆卸结构便于运输，可用作巡回演出、展览等。

7）使用范围广：从气候条件看，它适用于从阿拉斯加到沙特这样广阔的地域；从规模上看，可以小到单人帐篷、花园小品，大到覆盖几万、几十万平方米的建筑。甚至有人设想覆盖一个小城，实现人造自然。

8）使用安全可靠：由于自重轻，抗震性能好；膜结构属于柔性结构，能够忍受很大的位移；膜材料都是阻燃材料，不易造成火灾。

9）自洁性。膜材的表面涂层，具有良好的非粘着性，大气中的灰尘及赃物不易附着与渗透，而且其表面的灰尘会被雨水冲刷干净，常年使用后仍能保持外观的洁净及室内的美观。

（2）膜结构的缺点

1）膜材的使用寿命一般为 15～25 年，与传统的混凝土或钢材相比仍有相当差距。

2）单层膜结构的保温隔热性能与夹层玻璃大致相当，对保温性能要求较高的建筑多采用双层膜或多层膜，但这样又会影响膜结构的透光性。

3）膜结构的隔音效果差，单层膜结构往往用于对隔音要求不是太高的建筑。

4）膜结构抵抗局部荷载作用的能力较弱，屋面在局部荷载作用下会形成局部凹陷，造成雨水和雪的淤积，产生"袋状效应"，严重时可导致膜材的撕裂破坏。

5）膜结构还面临突出的环保问题。目前使用的大多数膜材都是不可再生的，一旦到达使用年限，拆除的膜材就成为城市垃圾无法处理。

13.3　膜结构的形式和分类

膜结构的结构形式千变万化，分类方法与标准也各不相同，比较传统的一种分类方法是将膜结构分为充气膜结构和支承膜结构，支承膜结构又分为骨架式支承膜结构和张拉式支承膜结构。

我国《膜结构技术规程》CECS158：2004 根据膜材及相关构件的受力方式分为整体张拉式膜结构、骨架支承式膜结构、索系支承式膜结构、空气支承膜结构四种形式。

（1）整体张拉式膜结构

整体张拉式膜结构是由索网结构发展而来的，指依靠薄膜自身的预张力与拉索、支柱共同作用构成的结构体系。整体张拉式膜结构的基本组成单元包括支柱(桅杆或其他刚性支架)、拉索及覆盖的膜材，利用拉索、支柱在膜材中引入预张力以形成稳定的曲面外形。由桅杆等支承构件提供吊点，并在周边设置锚固点，通过预张拉而形成稳定的体系。这种膜结构由索和膜构成，两者共同起承重作用，通过支承点和锚固点形成整体。

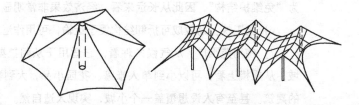

图 13-1 整体张拉式膜结构

整体张拉式膜结构包括悬挂式膜结构和复合张拉膜结构。

1）悬挂式膜结构：薄膜为主要受力构件，基本单元的曲面形式一般为简单的双曲抛物面或类锥形悬链面（帐篷单元、伞形单元），通常悬挂于桅杆或其他刚性支架之下，因此也称为悬挂式膜结构。

受膜材强度和支承结构形式的限制，悬挂式膜结构多用于中小跨度建筑，用于大型建筑时通常需通过多个单元的组合。

2）复合张拉膜结构：是由预应力索系与张拉薄膜共同工作组合而成的。复合张拉膜结构通过索系对整体结构施加预应力，预应力索系是主要受力结构，主要承受整体荷载，而膜材主要承受局部荷载。

复合张拉膜结构综合了索系结构与薄膜结构的特点，受力合理，适用于较大的跨度。图 13-2 所示蒙特利尔博览会德国馆就是一个典型的例子。

图 13-2 蒙特利尔博览会德国馆

总而言之，整体张拉式膜结构是通过拉索将膜材料张拉于结构上而形成的构造形式。由于膜材是柔性结构，本身没有抗拉、抗压能力，抗弯能力也很差，完全靠外部施加的预应力保持形状，即使在无外力且不考虑自重的情况下，也存在着相当大的拉应力。膜表面通过自身曲率变化达到内外力平衡。具有高度的形体可塑性和结构灵活性，是索膜建筑的代表和精华。

（2）骨架支承式膜结构

骨架支承式膜结构是指以刚性结构（通常指钢结构，如拱、刚架）作为承重骨架，在骨架上布置按设计要求张紧的膜材的结构形式。

由钢构件中其他刚性构件（如拱、刚架）作为承重骨架，在骨架上布置按设计要求张紧的膜材，后者主要起围护作用。形态由平面形、单曲面形和以鞍形为代表的双曲线形。

1）常见的骨架结构包括桁架、网架、网壳、拱等。

2）形态由平面形、单曲面形和以鞍形为代表的双曲线形。

3）骨架支承膜结构中刚性骨架是主要受力体系，膜材仅作为围护材料，计算分析中一般不考虑膜材对支承结构的影响。

4）骨架支承膜结构与常规结构比较接近，设计、制作都比较简单，易于被工程界理解和接受，工程造价也相对较低。

5）这类结构中的薄膜材料本身的结构承载作用没有得到发挥，跨度也受到支承骨架的限制。图 13-3 所示均为典型的骨架支承式膜结构。

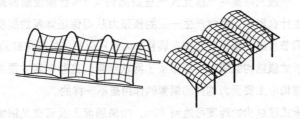 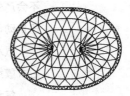

图 13-3　骨架支承式膜结构　　　　图 13-4　索系支承式膜结构

（3）索系支承式膜结构

索系支承式膜结构是指由索系和压杆构成的预应力索杆体系为支承骨架，并在其上敷设张紧膜材的结构形式，也有文献将其归为骨架支承式膜结构的一种。由空间索系作为主要承重结构，在索上布置按设计要求张紧的膜材。

1）这种膜结构主要由索、杆和膜构成，三者共同起承重作用。在通常所说的张拉整体结构中，如采用膜材，就属于索系支承膜结构。

2）由于目前真正在实际工程中实现的张拉整体结构只有索穹顶结构，因此，这里的索系支承膜结构实际上就是指索穹顶结构。

3）索穹顶结构是目前最先进的一种大跨度空间结构形式，但成形及受力分析复杂，施工难度大，技术条件要求较高。

4）空气支承膜结构

也称充气结构，是利用薄膜内外的空气压差来稳定膜面以承受外荷载的结构形式。

具有密闭的充气空间，并设置维持内压的充气装置，借助内压保持膜材的张力，形成设计要求的曲面。

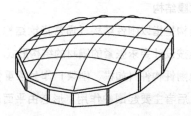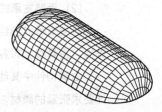

图 13-5　空气支承膜结构

向由膜结构构成的室内充入空气，使室内的空气压力始终大于室外的空气压力，使膜材料处于张力状态来抵抗负载及外力的构造形式有单层结构和双层结构两种。

根据薄膜内外的压差大小，空气支承膜结构可分为气承式和气囊式两类。

1）气承式膜结构的内外压差约为 0.1～1.0kN/㎡，属低压体系，是单层结构。

方法：通过压力控制系统向封闭的建筑物室内充气加压，使室内保持一定的压力差，一般只需室内气压比大气压提高约 0.3% 就能使膜面膨胀，对室内环境不会产生什么影响，膜体产生一定的预张力从而保证体系的刚度。室内需设置气压自动调节系统，根据实际情况调整室内气压以适应外部荷载的变化。

气承式膜结构的膜面上都布置了网状钢索，这些钢索主要起加劲作用，与张拉式膜结构中主要受力构件的钢索的作用是不一样的。

气承式膜结构的跨度可达到 70m，如果膜面上设置交叉钢索加劲，跨度可达到 300m。

气承式膜结构具有大空间、重量轻、建造简单的优点，但需要不断输入超压气体及日常维护管理。

2）气囊式膜结构：囊中气体压力约为 300～700kPa（3～7 个大气压），属高压体系，是双层结构。

方法：通过向单个特定形状的封闭式气囊（通常为管状构件）内充气，形成具有一定刚度和形状的膜构件，再由多个膜构件进行组合连接，从而形成一定形状的整体结构。

气囊式膜结构是在双层膜之间充入气体，和单层相比可以充入高压气体，形成具有一定刚性的结构，而且进出口可以敞开。

13.4　膜结构的材料

膜材料分为织物膜材和箔片两大类。高强度箔片近几年才开始应用于结构。织物是由纤维平织或曲织生成的，织物膜材已有较长的应用历史。

(1) 织物膜材

1）根据涂层情况，织物膜材可以分为涂层膜材和非涂层膜材两种。

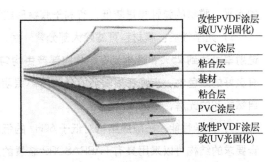

改性PVDF涂层
或(UV光固化)
PVC涂层
粘合层
基材
粘合层
PVC涂层
改性PVDF涂层
或(UV光固化)

图 13-6　PVC 膜材的基本构造

2）根据材料类型，织物膜材可以分为聚酯织物和玻璃织物两种。

通过单边或双边涂层可以保护织物免受机械损伤、大气影响及动植物作用等损伤，所以，目前涂层膜材是膜结构的主流材料。

（2）箔片

结构工程中的箔片都是由氟塑料制造的，它的优点在于有很高的透光性和出色的防老化性。

1）单层的箔片可如同膜材一样施加预拉力，但它常常做成夹层，内部充有永久空气压力以稳定膜面。

2）跨度较大时，箔片常被压制成正交膜片。

3）由于较高的自洁性能，氟塑料通常被细化，如聚酯织物加 PVC 涂层外的 PVDF 表面。

（3）膜材分类：膜材主要还是依涂层材料来分类，图 13-6 以 PVC 膜材为例示出了膜材的基本构造。膜材大致可分为以下几种：

1）PTFE 膜材：由聚四氟乙烯（PTFE）涂层和玻璃纤维基层复合而成，PTFE 膜材品质卓越，价格也较高。

2）PVC 膜材：由聚氯乙烯（PVC）涂层和聚酯纤维基层复合而成，应用广泛，价格适中。

3）加面层的 PVC 膜材：在 PVC 膜材表面涂覆聚偏氟乙烯（PVDF）或聚氟乙烯（PVF），性能优于纯 PVC 膜材，价格相应略高。

（4）膜材的基本性能

膜结构中的膜材强度高、柔韧性好，是由织物基材（玻璃纤维、聚酯长丝）和涂层（PTFE、硅酮、PVC）复合而成的涂层织物。具有轻质、柔韧、厚度小、重量轻、透光性好等特点；对自然光有反射、吸收和透射能力；它不燃、难燃或阻燃；具有耐久、防火、气密良好等特性；表层经氟素处理（涂覆 PVF 或 PVDF）的膜材自身不发粘、有很好的自洁性能。

1）力学性能：中等强度的 PVC 膜，厚度仅 0.61mm，但它的抗拉强度相当于钢材的一半；中等强度的 PTFE 膜，厚度仅 0.8mm，但它的抗拉强度已达到钢材的水平。膜材的弹性模量较低，有利于膜材形成复杂的曲面造型。

2）光学性能：膜材料可滤除大部分紫外线，防止内部物品褪色。对自然光的透射率可达到25%，透射光在结构内部产生均匀的漫射光，无阴影，无眩光，具有良好的显色性，夜晚在周围环境光和内部照明的共同作用下，膜结构表面发出自然柔和的光辉，令人陶醉。

3）声学性能：一般膜结构对低于60Hz的低频几乎是通透的，对于有特殊吸音要求的结构可以采用具有FABRASORB装置的膜结构，这种组合具有比玻璃更强的吸音效果。

4）防火性能：如今广泛使用的膜材料能很好地满足防火要求，具有卓越的阻燃和耐高温性能，达到法国、德国、美国、日本等多国标准。

5）保温性能：单层膜材料的保温性能与砖墙相同，优于玻璃。同其他材料的建筑一样，膜建筑内部也可以采用其他方式调节内部温度，例如内部加挂保温层，运用空调采暖设备等。

6）自洁性能：PTFE膜材和经过特殊表面处理的PVC膜材具有很好的自洁性能，雨水会在其表面聚成水珠流下，使膜材表面得到自然清洗。

13.5 膜结构的选型

目前，充气膜结构除了在某些特殊领域应用外，大部分已被支承膜结构所取代。主要原因是充气膜结构的维护，特别是多雪等恶劣气候条件下的围护存在很大的困难，造型也受到一定的限制，平面一般都为圆形或椭圆形。但是，充气膜结构是否有前途仍是个有争议的问题，当用于超大跨度结构时，充气膜结构在经济上的优越性是十分明显的。

（1）在支承膜结构中，支承体系决定了膜结构的形式，因此在考虑支承结构的布置时就必须考虑到膜面造型的可能性，也就是说，支承膜结构的选型离不开支承结构。

（2）在骨架支承式膜结构中，膜材只是围护材料，结构的形式、跨度均取决于网架、网壳、拱等骨架结构。

（3）在整体张拉式膜结构中，薄膜材料既起到了结构承载的作用，又具有围护功能，充分发挥了膜材的结构功能。可根据平面形状、边界条件、建筑造型、建筑功能等多种因素确定合理的结构形式，结构造型丰富，富于表现力，可以说是最具创意的膜结构形式。

常见的张拉式膜单元包括双曲抛物面鞍形单元、类锥形伞状单元或双伞状单元，由于受膜材强度的限制，这些单元的跨度不可能太大，用于大跨度、大覆盖面积的建筑时需要通过多个单元的组合。当然在很多情况下，多个单元的组合并不是出于结构上的考虑，而是建筑功能及造型方面的要求。

（4）膜结构的选型不仅由建筑设计决定，还受到结构受力状态的制约。因为膜结构属于柔性结构，材料本身不具有刚度和形状，必须通过施加预应力才能获得结构的刚度和形状，而不同的初始预应力分布又将导致不同的结构初始形状。

（5）张拉式膜结构应尽量避免做成大面积的平坦曲面，即膜结构的初始形状应保证具有一定的曲率。因为膜材只能承受面内拉力，膜结构在面外荷载作用下产生的弯矩、剪力需通过膜面的变形转换成面内拉力，曲面平坦时，会造成很大的面内拉力，同时扁平曲面的找形也非常困难，会造成初始预应力分布的极端不均匀。

（6）在膜结构的选型时还应根据建筑物的使用特点，合理确定排水坡度，确保膜面排水顺畅；在雪荷载较大的地区，应尽量采用较大的膜面坡度以避免或减少积雪，并应采取必要的防积雪和融雪措施。

13.6　工程实例

（1）美国丹佛国际候机楼

1994 年建成的美国丹佛新国际机场候机楼屋盖，如图 13-7 所示，由 17 对帐篷膜单元组成，宽 67m，长 274m，帐篷面积约 1.8 万 m²，膜材双层，间距 600mm，中间可通热空气用于冬季融雪。该工程被公认为寒冷地区大型封闭式张拉膜结构的成功典范。

图 13-7　美国丹佛新国际机场候机楼

（2）英国千年穹顶

英国伦敦于 1999 年建成的"千年穹顶"（图 13-8），穹顶周长 1km，直径

图 13-8　"千年穹顶"

365m，中心高度 50m，12 根穿出屋面高达 100m 的桅杆悬吊着面积 8 万 m² 的膜材屋盖，英国国民在此举行了千年庆典，庆典结束后把"千年穹顶"作为千年发展成就的展览厅。

(3) 德国斯图加特戈特利布戴姆勒体育场

德国斯图加特戈特利布戴姆勒体育场，此前叫作纳卡体育场（图 13-9），修建于 1933 年，是欧洲最大规模的膜结构之一，两主轴长度分别为 200m、280m，罩棚最大悬挑达 58m，结构由 40 榀辐射状索桁架及沿周围的两道箱形受压钢圈梁组成，钢圈梁支承在间距 20m 的箱形钢柱上。1949～1951 年在主看台对面修建了一个敞开式看台，随后体育场几次扩建。1990 年这里已经成为一座现代化体育场。早在 1999～2001 年，体育场为了达到承办世界杯赛标准而再次升级，2004 年初完成了最后整修。

(4) 宝安体育场

宝安体育场（图 13-10）屋盖系统采用先进的索膜结构，轻巧、通透、无压迫感。屋顶采用膜覆盖，没有围护结构。体育场外围设计为钢管"竹林"，既承受屋盖的重量，又有节节高的寓意。

图 13-9　德国斯图加特戈特利布戴
　　　　姆勒体育场

图 13-10　宝安体育场

Chapter 14 New structures

第 14 章　新型结构体系

第 14 章　新型结构体系

14.1　复合混凝土抗震结构体系

14.1.1　隔震技术

地震是人类社会面临的最严重的自然灾害之一，地震对社会造成生命、财产损失的主要途径就是建筑物的破坏、倒塌，由于绝大多数灾难性地震都是在人们毫无戒备的情况下发生的，因此很多人在没来得及逃离建筑物之前就遭受了灭顶之灾。

1994 年美国 Northridge 地震及 1995 年日本阪神大地震以后，隔震建筑得到了迅速发展。隔震建筑的数量在日本已经超过 1200 栋，在中国也超过了 400 栋。

传统的房屋在地震发生时易倒塌的原因，在于房屋的上部结构和基础牢牢地连在一起。地震时，地面运动的能量经过基础无障碍地传输到上部房屋结构，使房屋发生震动和变形。当结构变形过大，达到某个极限时，房屋便发生破坏甚至倒塌。

通过在房屋基底设置隔震装置，可延长结构自振周期，避开地震动卓越频率，增加阻尼耗能，从而减小上部结构的地震响应，达到保护建筑物的目的。

建筑隔震技术已经经历了实际地震的考验。实践证明，隔震房屋对减轻多层房屋水平地震灾害是非常有效的，特别适合幼儿园、小学、老人公寓、医院等地震时人员不易疏散的建筑，还有首脑机关、指挥部门、警察、消防、通讯、电力等地震时需不中断工作的建筑，还适用于金融、保险以及存放贵重物品、有毒物品的建筑以及普通民用住宅。

14.1.2　结构特点

建筑物中设置隔震层后可以延长整个结构体系的自振周期，增大阻尼，减少输入上部结构的地震能量，达到预期的防震要求。地震时，隔震层产生较大变形，通过阻尼装置等有效地吸收地震能量。隔震结构地震反应与传统抗震结构的比值为 10%～50%（保持弹性）。传统抗震结构的房屋地震时激烈晃动，房屋加速度放大 100%～250%，梁柱开裂，内部装饰、设备被破坏。隔震房屋地震时，缓慢平动（长周期），房屋加速度减少 100%～40%，结构保持弹性（变形集中在柔软支座），保护结构和内部装饰及设备（图 14-1）。

隔震技术适应范围广，既可以用于新建房屋，也可用于已有房屋结构的改造

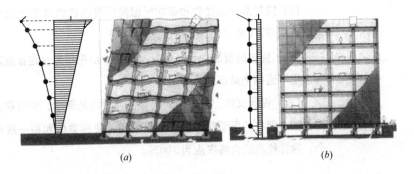

图 14-1　传统建筑与隔震建筑地震变形对比

(*a*) 传统抗震建筑；(*b*) 隔震建筑

和加固；既可用于一般建筑结构，又可用于重要结构；既可保证结构在地震作用下不损坏，又可减小设备、仪器的振动。

14.1.3　设计要点

地震时，采用隔震结构的建筑物会产生 40cm 左右的较大变形，发生在隔震层的上下楼层，因此设计时应采取相应的对策来适应这个变形。

(1) 下部结构与一般抗震结构设计采用相同的处理手法和设计。

(2) 与上部结构相邻的地表部分和上部结构之间会产生 40cm 左右的相对位移，为避免人员等靠近，其周围应设植物等阻挡物。另外，周边应留有一定的空地，以防大震时上部结构超越建筑红线。

(3) 邻楼空间是指相邻建筑物之间人的活动空间，由于隔震建筑位移大，应采取相应措施来适应这种位移。

(4) 门厅、出入口、车道、楼梯、电梯、自动扶梯、设备竖井、停车设施等建筑要素都要求能适应地震时上部结构所产生的大的位移（隔震层的层间变形）。

(5) 建筑物的周围应留有一定的空间，避免建筑物与边界围墙接触、碰撞。特别要注意上部结构物或墙外狭道与围墙之间的距离不应过大，避免人们钻入，当需要进入时，要有安全措施。在建筑物的长期使用中，整个可移动范围内不得堆放任何障碍物，设置门墙或指示标志以免人、车轻易出入。在出入口，要注意不能因为建镜物的移动而使人受到伤害。

(6) 确保隔震层地面没有凹凸，梁下空间不小于 1.2m，以利于建筑空间、路线的检查和照明等日常维护的要求。

(7) 隔震层以上的可动部分与隔震层地面之间需要结构性的绝缘。在用于检查的楼梯入口处划定防火区，还要设隔震层检查入口等标识。

(8) 隔震层内的隔震构件或设备管道在维修更换时因有机械、管材等运进运出，所以需设置升降口、采光井等较大的通道空间。

（9）隔震层中由橡胶和薄钢板相间层叠组成的橡胶隔震支座应符合《建筑抗震设计规范》GB 50011—2010 的要求。

（10）穿过隔震层的设备配管、配线，应采用柔性连接或其他有效措施以适应隔震层罕遇的地震水平位移。

（11）设计文件上应注明对隔震部件性能的要求，安装前应对工程中所用的各种类型、规格的原型部件进行抽样检测，每种类型和每一规格的数量不应少于 3 个，抽样检测的合格率应为 100％。

14.1.4　使用和维护

隔震结构的维护管理，主要在于有效发挥隔震功能，理解和实施有关的办法和措施。最重要的是在长期使用过程中，能在建筑物的周围始终保有足够的空间和必要的设施，以确保大震时建筑物的上部结构能前后、左右安全、自由地晃动。

隔震结构应建立完善的维护管理体制，在使用过程中应由建筑管理人员进行正常检查，观察建筑物的使用情况及隔震构件的变化情况，及时发现异常情况，防止危险；由具有相关知识的技术人员进行定期检查，发现正常检查所不能确定的异常和故障，确认隔震减震设施的耐久性；由具有专业知识的技术人员在发生大的地震、火灾、水淹之后立即进行临时检查，确认对隔震减震部件有无影响。另外，在日常检查发现故障和异常时也要进行临时检查。维护管理项目见表 14-1。

维护管理项目　　　　　　　　　　　　　　　　表 14-1

部位	必要的性能	管理项目	管理方法
隔震构件	能安全支承建筑物隔震性能	外观检查 徐变 位移变形能力 刚性衰减能力	有无损伤 测定螺向位移 测定水平位移 外观检查
隔震层建筑外沿	不妨碍建筑水平位移	有无障碍物	测定间隙大小 目测查找障碍物
设备管线可挠部位	具有适应位移的能力	形状有无损伤	目测检查有无漏水等

由于建筑物的业主、管理人及使用者在若干年后有可能变更，有必要在建筑物的显著位置标明该建筑是隔震建筑。

设置隔震部件的部位，除按计算确定外，应采取便于检查和替换的措施。

14.2　CL 体系

14.2.1　概述

　　复合混凝土抗震墙结构体系（Composite Light-weight）（以下简称"CL 结构体系"）是由 CL 结构墙体、装配整体式或现浇楼（屋）盖以及后浇边缘构件连接而成的装配整体或整体现浇空间结构，是一种混凝土复合轻质抗震墙结构体系，墙体是一种混凝土复合夹心保温墙体（图14-2）。其核心构件 CL 墙体是由 CL 网架板（一种钢筋焊接网架保温夹芯板）两侧浇筑混凝土后形成的一种兼承重、保温、隔声于一体的墙体。该墙体主要用于建筑物的外墙、楼（电）梯间墙、分户墙等有保温及隔声要求的部位。墙体中的 CL 网架板钢筋均为墙体受力钢筋，钢筋的直

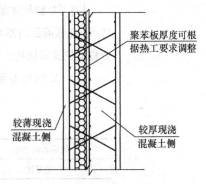

图 14-2　CL 墙体构造详图

径、间距及组合规格根据承载要求确定，保温芯板的材质及厚度则根据当地节能标准采用。CL 网架板是在生产车间由生产线根据图纸设计要求定制加工，作为墙体受力钢筋、保温层于一体直接提供给施工现场（图 14-3）。

图 14-3　某示范工程

　　CL 结构体系可用于 28m 以下、8 度和 8 度以下抗震设防地区的居住建筑和纵横墙较多的公共建筑。已颁发和正在编制的地方性标准及图集的省市有：河北、天津、山东、内蒙古、浙江、四川、新疆、辽宁、山西、河南、黑龙江等地。

14.2.2　建筑结构

　　建筑设计应符合建筑抗震概念设计的要求：建筑的平面和立面设计宜采用规

则的建筑设计方案，应避免采用严重不规则的设计方案。建筑的平面外形宜简单、规则、对称，尽量采用地震时扭转小的平面形状。建筑的立面形状力求规则，沿高度方向各层大体有相同的平面形状。具体应注意以下方面：

(1) 复合墙板用于外墙、分户墙、楼（电）梯间墙等对保温隔热、隔声有一定要求的墙体。其他室内竖向承载可根据梁板布置情况设置普通钢筋混凝土小墙肢、短肢抗震墙。

(2) 地下室（±0.000 以下）与上部 CL 复合抗震墙及普通混凝土抗震墙相对应位置均应设置实体混凝土抗震墙，墙厚不应小于上部墙厚。

(3) CL 结构体系宜采用全部落地的 CL 结构墙体承重，抗震墙间距不应大于 12m；在该间距内部可采用 L 型、T 型小墙肢和短肢抗震墙承重。必要时可采用部分框支抗震墙结构，框支层不应超过二层。

(4) CL 结构房屋高宽比不宜超过表 14-2 要求。

房屋高宽比限值 表 14-2

抗震设防烈度	6 度	7 度	8 度
高宽比	4	4	3

(5) 建筑设备安装布置设计应考虑结构布置的特点，并考虑使用期间的维修更换等问题。

(6) 竖向管线应集中布置，设置专用管道井或管道墙。电器线路宜将强、弱竖井分开布置，管道井及电气竖井宜采用专用综合布线，尽可能与隔墙结构系统结合。

(7) 水平管线宜设置在楼板垫层内。应做到"户内管线，本户内布置；公共管线，公共部位布置"。并尽量做到管线隐蔽安装，便于维护。

14.2.3   施工工艺

CL 结构体系施工与普通抗震墙结构施工基本相同，其不同之处在于 CL 复合抗震墙的施工工艺。该墙体施工是将 CL 网架板安装就位后支设模板，然后将两侧混凝土与边缘构件等同时浇筑完毕。两侧现浇工艺的技术关键，是如何保证两侧混凝土浇筑质量；而保证两侧混凝土浇筑质量的关键，又是保证保温板不发生位移。经过多个工程的总结和完善，安装垫块和控制两侧混凝土浇筑量是最有效的手段。

CL 复合抗震墙中，因钢筋密集，混凝土截面很小，不便采用普通混凝土进行浇筑，也无法采用振捣器进行插入式振捣，因此，应采用符合设计强度等级的自密实高性能混凝土进行浇筑。该自密实混凝土应达到坍落度（15s）260～280mm、扩展度（15s）600~750mm 的工作性能指标，且和易性良好，无目视泌水、离析现象。粗骨料最大粒径不应大于 10mm。

CL 复合抗震墙中的自密实混凝土浇筑时，应两边同时进行，不能侧重于一边，以防止 CL 网架板中的保温板因两侧混凝土高差产生的侧压力，而导致偏移或变形。自密实混凝土适合于泵送，用吊斗浇筑时应使出料口和模板入口距离尽量小，必要时可加串筒或溜槽，以免产生离析。浇筑时，应及时观测两侧混凝土面高差，并应控制在 400mm 以内。

14.3　保温砌模现浇钢筋混凝土网格抗震墙承重体系

14.3.1　体系概述

保温砌模现浇钢筋混凝土网格抗震墙承重体系（以下简称"保温砌模网格墙体系"）由新型专利保温空心砌块做砌模，砌模由聚苯颗粒混凝土（简称 EPS 混凝土）制成，砌模分外墙砌模、内墙砌模和梁柱模，保温砌模具有优良的保温隔热性能和一定的力学性能（图 14-4，图 14-5）。

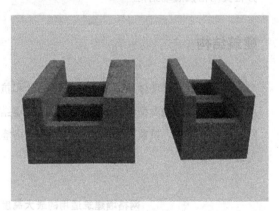

图 14-4　保温砌模

如图 14-5 所示，施工时，将砌模对孔错缝砌筑，构成现浇墙体的模板，在模内形成竖向和水平的网格状空腔，横竖网格空腔中心距均为 200mm，外墙竖向空腔截面为 130mm×150mm（150mm 为厚度），内墙竖向空腔为 130mm×120mm（120mm 为厚度），上下层砌模之间形成的水平空腔高 80mm。砌筑保温砌模时，在每层砌模水平槽内配置水平钢筑网片，砌到一层高度，在竖向空腔内从上部插入竖向钢筋网片，通过底层砌模预留的清扫口将竖向网片下端和结构预埋钢筋绑扎在一起，其上端与圈梁钢筋固定。沿墙模上部空腔灌注自密实混凝土，形成由竖肢（宽 130mm）和横肢（高 80mm）组成的网格状混凝土墙，即网格抗震墙。

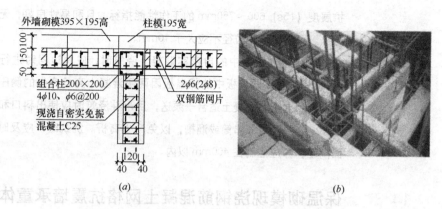

图14-5　保温砌模现浇钢筋混凝土网格抗震内外墙节点

(a) 内外墙丁字构造；(b) 现场照片

沿内外墙上部设置封闭式圈梁，楼板和屋盖采用现浇或装配整体式结构，在墙体交接处设置组合柱，或承重梁下设置加强柱，构成完整的抗震墙承重体系。

框架结构采用保温砌模网格墙做外墙，由框架、网格墙、组合柱和普通实心抗震墙承受竖向和水平作用力，构成框架—网格抗震墙结构。为满足建筑底部局部大空间需要，部分抗震墙不落地，通过转换结构支承在底部框架上，可构成部分框支网格抗震墙结构。

14.3.2　建筑结构

保温砌模网格墙体系适用于非抗震设计和抗震设防烈度为6度～9度地区的房屋建筑。其结构类型包括框架—网格抗震墙结构、网格抗震墙结构、部分框支网格抗震墙结构。抗震设防类别为丙类的网格墙建筑的最大适用高度和层数限值见表14-3。

网格墙建筑适用的最大高度和层数限值　　　表14-3

结构类型	非抗震设计		抗震设防烈度					
			6度、7度		8度		9度	
	高度	层数	高度	层数	高度	层数	高度	层数
框架-网格抗震墙	36	12	36	12	31	10	16	5
网格抗震墙	45	15	45	15	36	12	19	6
部分框支网格抗震墙	31	10	31	10	24	8	不应采用	

保温砌模网格墙建筑有地下室时，±0.00以下外墙应采用普通抗震墙。网格墙可贯通房屋全高，也可以底部若干层为钢筋混凝土抗震墙、上部为网格墙。网格墙建筑的电梯井筒应采用钢筋混凝土抗震墙，墙厚不小于160mm。框架—网格

抗震墙结构中，网格墙做外墙，起到保温、隔热的作用；内墙宜采用钢筋混凝土抗震墙。

14.3.3 施工工艺

(1) 砌筑墙体

砌筑保温砌模墙体在砌筑前，圈梁或楼面应清扫干净，洒水润湿。水平、竖直灰缝均不宜大于 5mm，砂浆应饱满，平直通顺。在砌墙时，随砌随勾缝，使灰缝表面密实，以免浇筑混凝土时漏浆。

砌到门窗上口时，应先支门窗上口底模，要求模板支设牢固平直。模板接缝应严密，并刷好隔离剂。

砌墙时每砌一层，设一道水平钢筋网片，网片要居中搁放，网片横向短筋要居肋中，不得偏到竖孔内，以免妨碍竖筋插入。网片搁置要上下对齐，搭接长度不小于 300mm，柱内锚入长度不小于 300mm，所有接头均要绑扎牢固，绑扣间距不大于 150mm。

待墙砌好后，从清扫口把口内杂物清扫干净，然后插入竖筋。竖筋要垂直居孔中搁置。上口与水平筋绑扎牢固，下侧与锚固筋搭接不小于 300mm，并从清扫口绑扎牢固，如竖筋插入时不垂直，可用Φ6短筋从墙中插入孔中，调直钢筋。

门窗上口砌块要设清扫口，从清扫口中清除杂物，并将竖向铜筋与水平加强钢筋网片绑扎牢固。

(2) 支模

支模前要把墙面、地面清扫干净，对凹凸不平的局部要剔凿或抹灰找平，然后贴胶条，以免漏浆。

清扫口支模要平整、顺直。模板接缝应严密，并刷好隔离剂。固定模板可采用穿墙拉片或短木方子，用三角支撑支顶牢固。

柱支模采用定型钢模或竹胶模板，模板要垂直平顺，紧贴墙面。固定模板应采用对拉螺栓，拉杆应从砌块肋部穿过，拉杆直径Φ12，间距不大于 800mm，要求距地 300mm 开始设第一道，用两根短横管上蝶形卡子固定牢固。外墙支模前，在其外侧先贴与砌块同材质的预制保温板，板厚 50mm，宽同柱截面，高度 800mm。砌前应在柱筋上绑好垫层，以保护钢筋。

门窗洞口及预留管线洞口处支模前先检查洞口尺寸及其垂直度、平整度是否符合规范要求，支模模板宜采用定型钢模，局部不符合模数处可采用木模，洞口底模用木支撑支顶牢固，侧模用短木方子背木楔支顶牢固。模板要平整顺直，紧贴砌块，接缝严密，以免漏浆。窗台上口不封模板，以便混凝土自流平。

圈梁模板采用竹胶模板。外墙内侧及内隔墙等圈梁模板应与现浇楼板统一支模，内搭满堂红架子，用短管、卡子、木方子等支顶牢固，外墙外侧要用穿墙横担，横担不小于Φ12，间距不大于800mm，距墙两端300mm开始设置，上口用对拉螺栓固定，设置位置同横担，支好后模板上口要进行校正，使其平整垂直、断面尺寸正确，侧面紧贴墙面，以免漏浆。然后在模板内侧搁保温板，搁置前要先在圈梁钢筋上绑好垫块。

(3) 浇筑混凝土

浇筑前应先划分好施工段，留好垂直施工缝。施工缝应设在门窗口中。施工缝一般是用细眼钢丝网从砌块竖孔中插入并用木方固定牢固，使其阻断混凝土的流动，待混凝土凝固后，抽出木方。

浇筑混凝土时，浇筑点间距不应大于1m，门窗口应从其两侧墙垛浇入，待混凝土从窗台返出、流平。应连续浇筑，直到一个施工段浇完为止。浇筑高度每层不大于1m并应留在砌块中水平孔下侧，以免水平孔堵塞。浇筑时应控制好混凝土的流速，以便控制每层浇筑高度。

浇筑时，随时拿手电筒观察孔中混凝土的流动情况。如发现钢筋挂浆，孔径堵塞，应及时拿钢钎插捣，使混凝土密实。

混凝土浇筑完后，应及时用木抹子找平，出墙竖筋以及组合柱筋应及时挂线调整。

(4) 水、电专业配套施工

水暖、消防、电器管件固定时，对能确定位置的可在墙上事先安装预埋件，埋件钢筋要伸入墙体混凝土中，并固定牢固，待混凝土达到强度后，方可焊接连接件。对位置不确定的管件，可待混凝土达到强度后，用塑料胀栓连接。

水暖、消防、电器穿墙管线设置时，对管线位置能设在砌块肋上的，可待混凝土浇筑好后，再用手枪钻在砌块上开洞。如不能设置在肋上的，可事先下套管，套管长度应每侧出墙10mm，安装后与墙面的缝隙用砂浆勾严，以免浇筑混凝土时漏浆。

对直径小于50mm的管线，可待砌体中混凝土达到强度后弹出安装线，依线剔槽，并用管卡子、胀栓固定牢固，然后用1:3砂浆填实找平。抹灰前用胶浆粘玻璃丝带，以免开裂；对直径大于50mm的管线，可直接埋设在墙内，依据设计加设加强筋并支模、浇筑混凝土。支模前检查其位置是否正确，并做好隐检记录，管口封产，以免进入杂物。

对于墙上设置消防箱、配电箱等预留洞口的做法同门窗洞口，待混凝土达到设计强度后，拆除模板进行安装，安装时可与洞口侧边混凝土芯柱中的钢筋直接焊接或焊出连接件固定。箱体背面可采用砌保温板或刷好防腐油，焊接钢丝网片，抹聚合物砂浆的处理工序。对线盒等小的管件，可待混凝土到达一定强度后开始依线凿除砌块保温层进行安装，可用塑料胀栓固定。

(5) 墙体抹灰

抹灰前墙面必须先抹界面剂。

在保温砌模墙体上抹聚合物砂浆，同时将门、窗洞口及阴角处的翻包网格布

压入砂浆中。聚合物砂浆抹面厚度宜控制在：标准做法 1～5mm；首层增强做法
5～7mm（依据北京市地方标准）。

　　贴压网格布的方法是将网格布绷紧后贴于聚合物砂浆上，用抹子由中间向四
周把网格布压入砂浆的表层，要平整压实，严禁网格布皱褶。网格布不得压入过
深，仅以盖网格布、微见网格布轮廓为宜。面层砂浆切忌不停揉搓，以免形成空
鼓。单张网格布长度不宜大于 6m。铺贴遇有搭接时，必须满足横向 100mm、纵
向 80mm 的搭接长度要求。

14.4　建筑模网混凝土抗震墙体结构体系

14.4.1　体系概述

（1）结构形式

　　建筑模网混凝土墙体是利用镀锌薄钢板，经开缝并拉制形成的蛇皮形钢板网
作为面板，加竖向槽形加劲肋龙骨，以及横向连接钢筋（钢片）作为永久性模板
（建筑模网），经配筋浇筑混凝土后形成混凝土抗震墙结构，并在建筑模网一侧放
置轻质保温材料，即形成具有外保温的隔热性能良好的节能型建筑模网混凝土墙
体（图 14-6）。

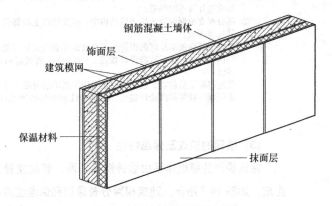

图 14-6　建筑模网混凝土墙

（2）技术依据及应用范围

　　建筑模网在国外已有长久的应用实践，多用于多层混凝土抗震墙结构。经引
进技术及改进工艺并进行试验研究及试点应用，在我国已编制形成若干地方标准，
并建成工程 100 万 m² 以上。

　　建筑模网结构适用于非抗震地区和抗震设防烈度为 6～8 度地区的民用建筑混
凝土抗震墙结构。不同设防烈度地区，适用的房屋最大高度应符合以下的有关规
定，详见表 14-4～表 14-6。

模网混凝土结构的最大适用高度（m）　　　表 14-4

结构体系	非抗震设计	抗震设防烈度		
		6 度	7 度	8 度
模网混凝土抗震墙结构或部分 框支模网混凝土抗震墙结构	54	54	45	30

注：1. 房屋高度指室外地至主要屋面高度，不包括局部突出屋面的电梯机房、水箱、构架等高度；
　　2. 平面和竖向均不规则的结构或建造于Ⅳ类场地的结构，适用高度应适当降低；
　　3. 部分框支模网混凝土抗震墙结构指首层或底部两层有部分框支混凝土抗震墙的模网混凝土抗震墙结构。

模网混凝土抗震墙结构最大高宽比　　　表 14-5

结构体系	非抗震设计	抗震设防烈度		
		6 度	7 度	8 度
模网混凝土抗震墙	5	5	4	3

模网混凝土抗震墙结构的抗震等级　　　表 14-6

结构类型		抗震设防烈度				
		6 度	7 度		8 度	
模网混凝土 抗震墙结构	高度（m）	16≤H≤54	13≤H≤24	H>24	10<H≤21	H>21
	抗震等级	四	四	三	三	二
部分框支模网 混凝土抗震 墙结构	落地混凝土抗 震端	三	三	二	二	一
	框支层框架	三	三	二	二	一

注：1. 建筑场地为Ⅰ类时，除 6 度外可按表内降低 1 度所对应的抗震构造措施，但
　　　相应的计算不应降低；
　　2. 部分框支模网混凝土抗震墙结构中，框支层以上的部位，应允许按模网混凝土抗震墙确定
　　　其抗震等级；
　　3. 丙类建筑应按本地区的设防烈度直接由本表确定抗震等级；其他设防类别的建筑，应按现
　　　行国家标准《建筑抗震设计规范》GB 50011 的规定调整设防烈度后，再按本表确定抗震
　　　等级；
　　4. 落地混凝土抗震墙、框支层框架采用普通钢筋混凝土结构时，其计算与构造应符合现行国
　　　家标准《建筑抗震设计规范》GB 50011 相应抗震等级的规定。

(3) 模网的组成及保温特性

建筑模网的模板体系由镀锌钢板孔网、竖向龙骨、水平折钩拉筋或连接钢片组成，如图 14-7 所示。建筑模网分普通型和保温型两种，见图 14-8。标准模网体

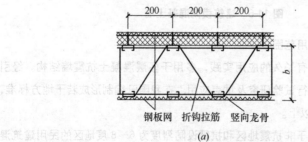
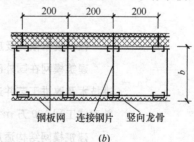

钢板网　折钩拉筋　竖向龙骨　　　　　　　　钢板网　连接钢片　竖向龙骨
(a)　　　　　　　　　　　　　　　　(b)

图 14-7　建筑模网示意
(a) 用折钩拉筋连接；(b) 用钢片连接

系的规格可按表 14-7 选用，也可根据设计要求自行确定。

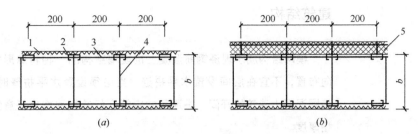

图 14-8　建筑模网分类

(a) 普通型；(b) 保温型

1—钢板网；2—加劲肋；3—水平拉筋；4—连接钢片；5—保温材料

标准建筑模网的规格（mm）　　　　　　　　　　　　　表 14-7

厚度	水平拉筋		宽度	高度	龙骨间距
	直径	竖向间距			
160	6	100	300、500、700、900、1100	≤4200	200
		200			
200	6	100			
		200			
250	6	100			
		200			

注：当采用保温型模网时，模网一侧聚苯板的厚度应根据混凝土和聚苯板传热系数加权计算后确定，应满足有关建筑节能标准要求，并在单体工程设计中注明。

　　用来制作龙骨、钢板网的热镀锌钢带应符合现行国家标准《连续热镀锌钢板及钢带》GB/T 2518 的规定。其性能级别为 250，镀锌量为 Z200。成型后的龙骨，在模网浇筑混凝土时应提供足够的刚度与强度。成型后的钢板网，在模网浇筑混凝土时，应能提供足够的刚度和强度，而且在保证混凝土不漏浆的前提下滤除气泡和多余水分。水平钢筋应优先用 HRB400 级，也可采用 HPB235 级。并均符合国家相关规定。

　　模网混凝土其导热系数与普通钢筋混凝土相同。试验表明，挂钉使墙体的传热系数仅增加 6%～8%。因而，对此部分的影响修正系数推荐为 1.10。保温材料若采用绝热用膨胀聚苯乙烯泡沫塑料板，其表观密度应大于 18kg/m³。其他物理性能指标，详见表 14-8。保温层的厚度应根据本地区建筑节能设计标准的规定计算确定。

聚苯乙烯泡沫板物理力学性能　　　　　　　　　　　　表 14-8

表观密度 (kg/m³)	压缩强度 (kPa)	导热系数 (W/m·K)	体积变化率 (%)	水蒸气透湿系数	体积吸水率 (%)	熔结性		氧指数 (%)
						断裂弯曲负荷 (N)	弯曲变形 (mm)	
≥18	≥85	≤0.041	≤5	≤7.0	≤5	≤20	≥20	≥30

14.4.2 　建筑结构

模网结构属于现浇钢筋混凝土抗震墙结构的一种特殊形式。模板体系应竖向布置,不宜在层间设置水平拼缝。当必须设置水平拼缝时,应作加强处理。模网混凝土建筑的开间、进深尺寸宜符合标准模网宽度任意组合的倍数加上外墙厚度。

模网混凝土抗震墙墙肢长度宜等于标准规格模网或其组合后的宽度;墙肢可由一片或若干片模网组成;门、窗宽度也宜为标准模网宽度或为其倍数,门、窗高度由设计者确定。模网混凝土建筑的层高不宜超过 4.2m。

当上部结构比较规则时,允许底部 2 层(多层建筑)或 3 层(小高层建筑)采取框支抗震墙结构,有关底部框支抗震墙的设计和构造要求,应按现行国家标准《建筑抗震设计规范》GB 50011 的规定进行。

14.4.3 　施工工艺

模网混凝土结构与普通钢筋混凝土结构施工方法大致相同,不同之处主要在以下几方面。

(1) 模网安装工程

① 在基础或楼板上标出模网墙体线,并固定木方。

② 根据模网排块图,标出备模网构件的宽度线。

③ 分单元组装,将各模网构件支立并临时固定。

④ 固定模网墙体的水平支撑和安装支撑,调整墙体垂直度。

⑤ 放置附加水平钢筋和竖向钢筋。

⑥ 绑扎节点核心区的竖向钢筋和"U"形箍筋。

⑦ 采用模网角件或普通模板封堵节点核心区敞开部分。

⑧ 预留孔洞和预埋管线并固定。

⑨ 对模网安装工程和钢筋工程进行验收。

⑩ 浇筑模网墙体混凝土。

(2) 钢筋工程

模网拼缝处设置的竖向钢筋可呈梯格状成对点焊,应放置在模网内水平钢筋与龙骨外侧的相交处。附加水平钢筋可放置在连接钢片上。附加水平钢筋应贴近龙骨内侧。绑扎钢筋时宜固定在其相近的龙骨或钢板网上。

(3) 混凝土工程

混凝土浇筑宜维持原状泵送入模、连续施工。根据混凝土强度等级、耐久性和工作要求进行配合比设计。细骨料宜采用中砂,粗骨料宜采用碎石和卵石,最大粒径不宜超过 20mm。混凝土浇筑时的坍落度宜控制在 140～180mm 之间。采用楼板模板作为操作平台。每次浇筑高度不宜超过 800mm，并且钢板网外应均匀挂浆。混凝土浇筑后应及时有效养护。常温时可采用喷水或淋水的养护方法，并以塑料布或其他保温材料等覆盖。

14.5 密肋复合墙结构体系

14.5.1 体系概述

密肋复合墙结构体系主要由预制密肋复合墙板与隐形外框及楼盖现浇而成，由密肋复合墙板与隐形外框组成的墙肢或墙段就是密肋复合墙体（图 14-9）；结构主要承力体系包括框格（类耗能装置）、复合墙板（耗能构件）、隐形框架，它们能在地震作用下分阶段释放地震能量，形成多道抗震防线。密肋复合墙结构体系中的复合墙板、复合楼板可进行标准化设计、机械化施工、工业化生产。

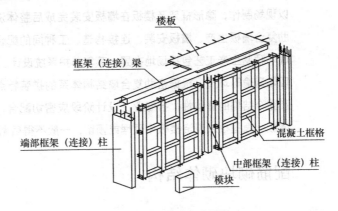

图 14-9 密肋复合墙体

密肋复合墙板是以截面及配筋较小的钢筋混凝土为框格，内嵌以炉渣、粉煤灰等工业废料为主要原料的加气硅酸盐砌块（或其他具有一定强度的轻质骨料）预制而成，整个墙板形成整体，然后与隐形框架整浇，形成整体结构共同受力。密肋复合墙结构中，复合墙板不仅起围护、分隔空间和保温作用，而且可作为承力构件使用，从而可有效减小框架截面尺寸及配筋量，降低结构经济指标。

14.5.2 建筑结构

密肋复合墙结构体系按结构形式可分为多层与中高层。作为主要承力构件的复合墙板可根据竖向及水平力的不同进行框格优化配比设计；隐形轻框在中高层建筑中依据受力计算确定截面及配筋；在多层建筑中按构造设计；楼板在中高层建筑中均采用现浇，在多层建筑中可根据抗震设防烈度不同选用预应力空心板、密肋复合楼板或现浇钢筋混凝土楼板。

（1）多层密肋复合墙结构体系，主要适用于8层及8层以下住宅及办公用房，旨在代替传统的砖混结构。

（2）框支密肋复合墙结构体系，主要适用于12层以下（含12层），底部大空间、上部小开间的办公及住宅等建筑，以代替或部分框支抗震墙结构。

（3）隔震大开间密肋复合墙结构体系，主要适用于8层及以下住宅，旨在解决多用途建筑结构对设计灵活性的需求，以适应建筑使用功能可持续发展的需求。中高层密肋复合墙结构体系，主要适用于15层以下（含15层）住宅、办公等中高层建筑，旨在代替或部分代替框架或抗震墙结构体系。

14.5.3　施工工艺

密肋复合墙结构体系，其主要受力构件密肋复合墙板既可工厂化生产，也可以现场制作，隐形框架及楼板在墙板安装完成后整体浇筑。重要施工工艺包括密肋复合墙板生产、墙板安装、连接构造、工种间的配合等。其中密肋复合墙板的现场预制生产工艺包括场地布置、蒸气养护系统设计、模具系统设计、墙板生产、现场运输等环节。根据密肋复合墙结构体系的拼装特点，为了不破坏墙板本身以及整个结构的整体性，各专业在设计阶段应密切配合，各种管线、孔洞应事先在墙板、隐框柱或现浇楼板中预埋或预留，一般不得后凿。

14.6　配筋砌块砌体结构

14.6.1　体系概述

配筋砌块砌体结构是由带有水平凹槽的高强度混凝土小型空心砌块错孔砌筑，在竖向孔洞及水平M槽内按计算或构造配置钢筋，全部或大部分竖孔及水平凹槽用混凝土灌实，最后组成的墙体可视为预制装配整体式钢筋混凝土抗震墙结构（图14-10）。

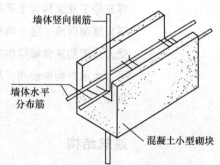

图 14-10　配筋砌块典型示意图

墙体竖向钢筋
墙体水平分布筋
混凝土小型砌块

14.6.2 建筑结构

(1) 最大高度与高宽比限值

配筋砌块砌体结构的最大高度应符合表14-9的规定，房屋总高度与总宽度的比值不宜超过表14-10的规定；对横墙较少或建造于Ⅳ类场地的房屋，适用的最大高度应适当降低。

配筋混凝土小型空心砌块抗震墙房屋适用的最大高度（m）   表14-9

最小墙厚 (mm)	6度	7度		8度		9度
	0.05g	0.10g	0.15g	0.20g	0.30g	0.40g
190	60	55	45	40	30	24

配筋混凝土小型空心砌块抗震墙房屋的最大高宽比   表14-10

烈度	6度	7度	8度	9度
最大高宽比	4.5	4.0	3.0	2.0

(2) 结构布置

房屋应避免采用不规则建筑结构方案，并应符合下列要求。

1）平面形状宜简单、规则，凸凹不宜过大；竖向布置宜规则、均匀，避免过大的外挑和内收。

2）纵横向抗震墙宜拉通对直；每个独立墙段长度不宜大于8m，也不宜小于墙厚的5倍；墙段的总高度与墙段长度之比不宜小于2；门洞口宜上下对齐，成列布置。

3）采用现浇钢筋混凝土楼、屋盖时，抗震横墙的最大间距，应符合表14-11的要求。

配筋混凝土小型空心砌块抗震横墙的最大间距   表14-11

烈度	6度	7度	8度	9度
最大间距	15	15	11	7

14.6.3 施工工艺

配筋砌块砌体结构实际上是预制装配整体式混凝土抗震墙结构。它是利用不同规格的砌块，组成各种尺寸的墙体，砌筑时配置水平钢筋和竖向钢筋，浇筑灌孔混凝土，即以组砌和浇筑而成的结构形式。从材料的受力性质来说，它以混凝土砌块、灌孔混凝土为受压材料，钢筋为受拉材料，这一点几乎和钢筋混凝土结构完全相同。从施工方式来说，它是砌体和钢筋混凝土施工技术的巧妙结合。从施工工序来讲，配筋砌块砌体结构是先用砌块砌墙体外壳，作为承重和永不拆除的模板，而后设置竖向钢筋和浇筑灌孔混凝土。因此，配筋小砌块砌体抗震墙结构的施工主要是解决好砌块砌筑、钢筋设置和混凝土浇筑几个环节。

参考文献

[1] 中华人民共和国行业标准. GB 50011—2010 建筑抗震设计规范 [S]. 北京：中国建筑工业出版社，2010.

[2] 中华人民共和国行业标准. GB 50003—2011 砌体结构规范 [S]. 北京：中国建筑工业出版社，2011.

[3] 中华人民共和国行业标准. JGJ 3—2010 高层建筑混凝土结构技术规程 [S]. 北京：中国建筑工业出版社，2010.

[4] 中华人民共和国行业标准. GB 50017—2003 钢结构设计规范 [S]. 北京：中国计划出版社，2003.

[5] 中华人民共和国行业标准. JGJ 99—2015 高层民用建筑钢结构技术规程 [S]. 北京：中国建筑工业出版社，2015.

[6] 郝亚民，江见鲸. 建筑概念设计与选型 [M]. 北京：机械工业出版社，2015.

[7] 梁兴文等. 混凝土结构设计原理（第二版）[M]. 北京：中国建筑工业出版社，2011.

[8] 石庆轩，梁兴文. 高层建筑结构设计（第二版）[M]. 北京：科学出版社，2012.

[9] 潘秀珍. 空间结构 [M]. 北京：中国建筑工业出版社，2013.

[10] 娄霓等. 绿色建筑结构体系评价与选型技术 [M]. 北京：中国建筑工业出版社，2011.

[11] 蓝宗建. 砌体结构（第3版）[M]. 北京：中国建筑工业出版社，2013.

[12] 叶献国. 建筑结构选型概论（第2版）[M]. 武汉：武汉理工大学出版社，2013.

[13] 林同炎，S.D. 斯多台斯伯利著，高立人等译. 结构概念和体系（第二版）[M]. 北京：中国建筑工业出版社，1999.

[14] 娄霓，张兰英，任民. 绿色建筑结构体系评价与选型技术 [M]. 北京：中国建筑工业出版社，2011.

[15] 陈章洪. 建筑结构选型手册 [M]. 北京：中国建筑工业出版社，2000.